화성에서 온 아빠 금성에서 온 엄마
안드로메다 아이

◇ 당신은 언제나 옳습니다. 그대의 삶을 응원합니다. - **라의눈 출판그룹**

화성에서 온 아빠 금성에서 온 엄마
안드로메다 아이

초판 1쇄 | 2015년 3월 20일
　　3쇄 | 2016년 10월 17일

지은이 | 김대현
펴낸이 | 설응도
펴낸곳 | 라의눈

편집장 | 김지현
편집주간 | 안은주
마케팅 | 최제환
경영지원 | 설효섭
디자인 | Kewpiedoll Design
일러스트 | 송진욱 songtoon.com

출판등록 | 2014년 1월 13일(제2014-000011호)
주소 | 서울시 서초중앙로 29길(반포동) 낙강빌딩 2층
전화번호 | 02-466-1283
팩스번호 | 02-466-1301
전자우편 | eyeofrabooks@gmail.com

ISBN : 979-11-86039-20-5 13590

※ 잘못 만들어진 책은 구입처나 본사에서 교환해 드립니다.
※ 책값은 뒤표지에 있습니다.
※ 라의눈에서는 독자 여러분의 소중한 아이디어와 원고 투고를 기다리고 있습니다.

화성에서 온 아빠 금성에서 온 엄마 안드로메다 아이

김대현 지음

라의눈

"아버지가 좀 늦어서 미안해"
가족소통도 가족불통도 대물림된다!

아들이 군대에서 휴가를 나왔다.

저녁에 온가족이 모여 파전에 술잔을 기울이며 이야기꽃을 피웠다. 대화는 돌고 돌아 아버지의 역할이라는 주제에 이르렀다. 나는 그동안 아들에게 꼭 해주고 싶었던 이야기를 꺼낼 기회가 왔음을 알아차렸다. 상징적인 의미로 쓰이는 '아버지의 자리'가 사실은 현실에 존재하는 '식탁의 자리'라는 이야기였다.

"아들아, 네가 아이를 낳아서 키운다면 어떤 일이 있어도 식탁에서 너의 자리를 고수하거라. 회사 일 핑계 대고 저녁 식사를 팽개치지 말고, 등산 가야 한다고 주말 식탁을 포기하지 말아라. 아이들에게 아버지의 자리는 식탁의 자리란다."

아들이 눈을 동그랗게 뜨고 반문했다.

"아버지는 밥 먹을 때 말하지 말라고 하셨잖아요."

"그래, 그래야 되는 줄 알았다. 밥 먹을 때 말하지 않고 조용히 먹는 것이 예의 바른 행동인 줄 알았다. 아버지는 할아버지에게 그렇게 배웠고, 그것이 전부인 줄 알았다. 미안하다. 그게 아니란 것을 너무 늦게 알았다. 네가 어렸을 때, 밥상에서 아무 대화도 못 나눴던 것이 너무 아쉬워 너에게 말해주는 거란다. 아들아, 부디 이 아버지의 말을 잊지 않기 바란다."

아들이 내 말을 기억하고 실천할지는 장담할 수 없다. 아들과 많은 시간을 보내고 속 깊은 대화를 나누려고 노력하고, 내게 평생 후회로 남았던 일을 말해준 것까지가 내 몫이라고 생각한다.

하지만 소통이든 불통이든 대물림된다는 것만은 확실하다.

아이들은 부모의 외모와 성격과 체질과 식성을 닮는다. 타고나기도 하겠지만 함께 생활하면서 서로 닮아가는 부분이 더 클 것이다. 소통이 잘되고 대화가 끊이지 않는 집에서 자란 아이라면 자신이 살아왔던 환경과 똑같은 가정을 꾸릴 확률이 높다.

서로 관심도 없고 대화도 없는 냉랭한 가정에서 자란 아이라면, 화목한 가정을 꾸리고 싶어도 그렇게 할 능력과 에너지가 부족하다. 배우지 않았고 보지 않았기 때문에 방법론을 모르는 것이며, 화목한 가정의 가치를 모르기에 동기 부여가 되지 않는 것이다.

"아이가 나 닮아서 키가 작아, 나 닮아서 머리숱이 적어, 나 닮아서 비염이 있어. 나 닮아서 수학을 못해, 나 닮아서 부끄러움이 많아……"

많은 부모들이 죄책감을 느끼면서 하는 말들이다. 그런데 이렇게 말하는 부모들을 나는 한 명도 보지 못했다.

"아이가 나 닮아서 사람들과 소통을 못해. 아이가 나 닮아서 공감 능력이 떨어져, 아이가 나 닮아서 다른 사람의 말은 콧등으로 들어."

사실은 이게 훨씬 큰 문제인 줄을 모른다. 소통과 공감 능력은 사회생활에도 꼭 필요한 덕목이지만 따뜻하고 안정감 있는 가정, 행복한 일상을 꾸려나가는 데 필수 항목이다.

가족소통 전문가라는 나에게 가장 많이 쏟아지는 질문이 있다.

"도대체 말이 안 통하는데 어떻게 해야 돼요?"

남편은 아내에게, 아내는 남편에게, 부모는 아이에게, 아이는 부모에게 하나같이 이렇게 말한다. 그들은 서로 영어도, 불어도, 중국어도 아닌 외계어를 쓰고 있나 보다. 이 책을 쓰게 된 이유가 바로 여기에 있다.

상대방의 이야기를 들어주겠다는 마음이 생기지 않으면, 입 닥치고 들어줄 경청의 인내심이 없으면, 반박하고 싶은 마음을 억누를 자제력이 없으면, 이상하게도 가족의 입에서 나오는 말들은 해독 불능의 화성어, 금성어, 안드로메다어가 되고 만다.

말이 안 들리게 되면 공감하지 못하고, 공감하지 못하면 사랑할 수도 없다. 급기야 가정이라는 테두리는 아늑한 보금자리가 아니라 족쇄가 되고 만다. 끊어버리고 탈출하고 싶은 족쇄! 이 책은 그렇게 되기 전에 관계를 회복할 수 있는 아주 간단하지만 매우 강력한 팁들을 알려주고 있다.

첫 번째 장에서는 가족이 불통에 빠진 근본 원인을 정리했고, 두 번째 장에서는 남자와 여자의 근본적 차이에 초점을 맞춰 부부 간의 소통에 도움이 되는 노하우를 알려주었다. 세 번째 장에서는 소통 수업 중에서 가장 심화과정인 부모와 아이들과의 소통 문제를 점검하고, 당장 효과를 볼 수 있는 솔루션들을 제시했다. 마지막 장에서는 가족 구성원들이 모두 행복해지는 해피엔딩 전략을 알려주고 있다.

자, 이제 불통이 아닌 소통을 선택하기로 마음먹었는가?

바뀌겠다는 용기를 장전했는가?

그렇다면 방아쇠를 당기면 된다.

닥치고 듣자! 무조건 칭찬하자! 쓸데없는 이야기를 하자!

우리 아이들에게 재산은 못 남겨주어도

소통 능력은 남겨줄 수 있다.

한집에 사는 외계인들

소통 불가, 이해 불가, 사랑 불가?

댁은 안녕하십니까?

결혼은 미친 짓이라는데, 그래도 사람들은 결혼을 한다. 우리나라에는 "남편을 잘못 만나도 당대 원수, 아내를 잘못 만나도 당대 원수"라는 속담이 있다. 결혼생활은 참다운 뜻에서 연애의 시작이라고 강조한 괴테의 말도 상기할 필요는 있다.

남자와 여자 모두 행복한 가정을 꿈꾸며, 부부의 연을 맺고 아이를 낳는다. 나도 그렇고 당신도 그렇다. 그러나 행복한 가정을 꾸린다는 것은 생각보다 쉽지가 않다. 몽테뉴도 왕국을 통치하는 것보다 가정을 다스리는 쪽이 훨씬 어렵다는 말을 남겼을 정도니까. 가정을 꾸리는 것이 쉽지 않는데, 더구나 행복한 가정을 꾸린다는 것은 정말이지 어려운 일일 것이다.

"엄마가 좋아, 아빠가 좋아?"

어린아이들에게 던지는 가장 잔인하고 어리석은 질문 중 하나다. 그런데 어떤 어른이 한 아이에게 실제로 그렇게 물었다가 봉변을 당했다. 아이의 대답은 이랬다.

"난 아빠, 그런데 아빠는?"

아이에게 무심코 질문을 던졌다가 오히려 이런 질문을 받으면 당신은 어떻게 대답할 것인가. 지혜로운 자식은 아비의 기쁨이요 어리석은 자식은 어미의 근심이라는 속담도 있는데 그 이유는 무엇일까. 자식에 대한 기대와 푸념이 담긴 말이기도 하지만 한 가족의 역사가 담긴 것으로 보는 것이 옳을 것이다.

정리하고 넘어가자. 당신은 결혼을 했고, 참다운 뜻에서 연애를 시작했으며, 그 결과로 자식을 얻었고, 남편이나 아내나 자식들과의 원만한 소통을 통해 행복한 가정을 꿈꾸고 있다. 혹시 그렇지 않다면 더 이상 이 책을 읽을 필요가 없다. 그러나 맞다면 소통전문가 김대현과 함께 좌충우돌 해피엔딩 가족소통 이야기 속으로 떠나면 된다.

무서운 얘기부터 해보자. 통계청이 발표한 자료에 의하면 2013년 자살로 사망한 사람은 모두 1만 4,427명이다. 농담이 아니다. 하루 평균 39.5명. 2010년 자료에 의하면 그해 자살한 한국 청소년(10~19세)은 모두 353명. 하루 평균 0.96명이었다. 대한민국에서 매일 40명이 자살을 하는데 그중 1명은 청소년이라는 얘기다. 환장하시겠다.

통상 사망 원인에 자살이라고 기재하는 것을 회피하는 관행 때문에 실제는 경찰청 통계 숫자보다 더 많을 것이다. 일단 통계청 발표 기준으로 환산해보자. 1995년 삼풍백화점 붕괴사고로 700여 명의 희생자가 발생했다. 뉴욕 세계무역센터 붕괴와 펜타곤 희생자, 펜실베니아주 생스빌에 추락한 여객기 탑승자까지 합쳐 9·11 테러로 모두 3,201명이 희생됐다. 대한민국에서는 2013년 한 해 동안 삼풍백화점 규모의 참사가 21번 넘게 일어났고, 9·11테러가 5번 정도 발생한 셈이다. 그러나 이런 심각한 상황을 의식하는 사람들은 많지 않다.

청소년 사망 원인 중 교통사고가 첫 번째, 자살이 두 번째라는 사실은 충격적이다. 20~30대 사망원인 1위는 자살이다. 대한민국의 오늘은 자살시대고, 소통부재의 시대인 것이다. 결국 행복한 가정 만들기는 모든 가정의 소원이고, 행복한 가정을 만드는 비법에 대해 한국가정문화연구소 김대현 소장에게 떠들 기회를 주는 것은 시대적 소명이랄 수 있는 것이다. 믿거나 말거나.

가화만사성이란 말이 있다. 고색창연한 말이 아닌가. 어렵게 해석할 필요가 없다. 가정이 화목하면 모든 일이 순조롭다는 뜻으로만 이해하자. 하여 나는 남편과 아내와 자식이 만족하는 행복한 가정을 만들기 위해 간단하지만 유용한 정보들을 제공하고자 한다.

"우리나라는 지금 행복한 나라입니까?"

이 질문에는 여러 가지 답이 나올 수 있겠다. 그러나 분명한 것은 지금보다 조금 더 행복한 나라가 될 가능성은 아주 높다는 것이다. 어떻게 그것이 가능하냐고? 그것은 아주 간단하다. 행복한 가정이 지금보다 더 늘어나면 된다. 상담을 통해 행복한 가정을 들여다보니, 행복해지는 방법과 원칙들이 보인다. 이런 것들을 찾고 발굴하고 전파하면 자연스럽게 행복한 가정이 이루어지는 것이다. 얼마나 간단한가.

먼저 가족의 의미부터 살펴보자. 가족은 우리가 태어나서 처음으로 관계를 맺는 곳이다. 우리가 가족 안에서 어떤 관계를 맺고, 어떤 감정을 경험하였는가는 평생 동안 우리를 따라다닌다. 가족관계가 어떤 틀이었는가에 따라 이후의 수많은 인간관계가 형성되기도 한다. 더 쉽게 말하면, 사랑과 관심을 받고 자란 아이는 그렇지 못한 아이보다 자존감이 높게 형성이 되고, 아이가 성인이 되었을 때 이 자존감이 긍정적으로 작용하여 좋은 영향을 줄 가능성이 높다고 한다.

그런데 양육환경은 아이가 선택할 수 있는 것이 아니지 않은가. 그 아이

소통불가
이해불가
사랑불가
호흡불가

는 그런 환경에 태어난 것이다. 좋은 환경에 태어나 자존감이 높게 형성된 아이에 비해 자존감이 낮게 형성된 아이는 아무래도 조금은 더 힘들게 타인과의 관계를 설정해야 할 가능성이 높다. 따라서 가족은 행복의 시작일 수도, 불행의 시작일 수도 있다.

왜 놀라시는가? 가족이 불행의 시작일 가능성도 있다는 말에 동의하기 어려운가. 사람은 관계를 맺고 살아가는 존재다. 그런데 그 관계를 어디에서부터 습득하는가 하면 사실은 태어나서 엄마로부터, 그리고 자라면서 부모와 가족들과의 관계에서부터라 할 수 있다. 그런데 유아기 때부터 부모로부터 잘못된 영향을 받으면, 가치관이 왜곡되고 성격 형성이 잘못되는 경우가 있다. 더 안타까운 것은 부모가 자녀에게 나쁜 영향을 미치는 줄 모른 채 영향을 준다는 것이다. 세상에 아이들이 불행하기를 바라는 부모는 없다. 그러나 아이들을 불행하게 만드는 부모들은 의외로 많다. 바로 이런 경우 가족이 불행의 시작일 수 있다는 것이다.

지나치게 소심한 아이가 있다고 가정해보자. 그 아이는 소심하게 태어난 것이 아니라 소심하게 키워졌다고 보는 편이 적절할 것이다. 첫째 아이는 첫째로 태어나는 것이 아니라 첫째로 키워진다. 둘째도 둘째로 키워진다. 그래서 첫째들은 첫째들끼리 비슷하고 둘째들은 둘째들끼리의 특성을 공유한다.

따라서 원하지 않았는데 소심하게 키워진 아이는 대인관계에 유난히 힘들어 할 수가 있다. 그런 특징들이 성인이 되어 타인과의 관계에 영향을 미친다면 이 아이에게 가족이란 행복의 원천이기보다는 그 반대의 경우가 될 수도 있다. 그런데 본인도 부모도 그 사실을 모르고 지나칠 수 있다는 데에 문제의 심각성이 있다.

어떤 가정이든 어느 정도의 문제는 늘 있다고 한다. 행복한 가정을 만드는 비결은 작은 문제가 큰 문제로 확대되지 않도록 잘 관리하는 것이다. 그 방법이 바로 소통이다. 가정의 문제들은 소통이 원활할 경우에 쉽게 해결되지만, 소통이 원활하지 못하면 그런 문제들이 점점 커져서 결국에는 더 큰 문제를 낳는 경우가 많다.

흔한 말로 부부는 궁합이 맞아야 한다. 누가 봐도 집안이 잘 되고 아이들이 건강하게 잘 크고, 집안에서 웃음소리가 떠나지 않는 부부를 우리는 궁합이 맞는다고 말한다. 그런 부부를 찰떡궁합이라고 한다. 그런데 이렇게 찰떡궁합이 되려면 세 가지 궁합이 맞아야 한다. 첫 번째는 속궁합이고, 두 번째는 겉궁합이다. 그러면 세 번째 궁합은 무엇일까? 최근에 학자들이 새로 발견한 궁합을 소개한다. 학명으로는 '제3의 궁합'이라고 하고 세간에서는 말궁합, 대화궁합이라고 한다. 부부가 오랫동안 잘 지내게 해주는 궁합이 바로 대화궁합이다.

통하는 기쁨 중에서 으뜸은 말이 통하는 기쁨이다. 말이 통하는 사람끼리 친구가 된다. 말이 통해야 직장상사나 부하직원과도 친해진다. 가족도

말이 통하는 사람끼리 더 살갑다. 부부가 30세에 결혼하고 100세까지 산다고 하면 무려 70년을 같이 사는 것이다. 말이 통하지 않으면 70년을 같이 살 수도 없겠지만, 살아도 사는 게 아닐 것이다. 그래서 '소문만복래'를 '소통만복래'로 바꿔도 틀린 말이 아니다. '가화만사성'의 근원은 '부부만사성'이기도 하다.

문제는 부부나 부모 자식 간에 대화하는 방법에 문제가 있다는 것이다. 말하는 모양 혹은 격을 말투, 말씨라고 한다. 캐나다를 방문했을 때, 아이들과 햄버거 가게에 간 적이 있었다. 영어가 짧은 아버지를 대신해 아이들이 햄버거를 주문했다. 무슨 말을 주고받는지 잘 알아들을 수는 없었지만 가만히 살펴보니 그 가게 사장이 동양 사람을 좋아하지 않는다는 것을 금방 알아차릴 수 있었다.

만약 내가 영어를 좀 잘했다면 주인에게 항의를 했을 것이다. 최악의 경우 주먹다짐을 벌였을 수도 있다. 그 캐나다 사람의 말투나 말씨 때문이었다. 말을 알아들을 수는 없었어도 우리를 무시하는 말투는 충분히 눈치 챌 수 있었기 때문이다. 그런데 이렇게 상처를 주고 상대를 무시하는 말투가, 부부끼리 그리고 부모 자식 간에 여과 없이 고스란히 사용되고 있다. 행복을 부르고 평화를 가져오는 말투가 있는가 하면, 화를 부르고 남에게 상처를 주는 말투가 있는 것이다.

그런데 문제는 나조차도 나의 말투가 어떤지 잘 모르고 있다는 것이다. 만약에 나도 모르게 타인에게 상처를 주는 폭력적인 대화기법을 사용하고 있다면, 나는 아내와 아이들에게 언어폭력을 휘두르고 있는 셈이다. 폭력적인 대화를 자주 하게 되면 가족들은 무력증과 우울증이 생기고 심지어는 자존감에 상처를 입고 평생을 우울하게 살아갈 수 있다. 언어폭력이 무서운 이유는 가해자가 가해자인줄 모르고, 피해자가 피해자인줄 모르는 상태에서 장시간 행해진다는 것이다. 그리고 여과 없이 다음 세대에 전달된다. 소통부재나 잘못된 언어습관이 부른 재앙이라 할 수 있다. 가정이라는 편안한 둥지가 속박의 굴레도 될 수 있음이 확실해지는 대목이다. 대화방법의 문제를 개선할 때 행복한 가정의 발판이 된다는 것을 잊지 마시라.

우리가 가족 안에서 어떤 관계를 맺었고, 어떤 감정을 경험하였는가는
평생 동안 우리를 따라 다닌다. 가족관계가 어떤 틀이었는가에 따라 이후의
수많은 인간관계가 형성되기도 한다. 따라서 가족은 행복의 시작인 동시에 불행의 시작일
가능성도 있다. 집은 둥지가 될 수도 있고 굴레가 될 수도 있다.

착한 대화법 vs. 독한 대화법

아버지, 어머니, 자식들이 한집에 산다. 그런데 이 집에는 3가지 문제가 있다. 첫째는 서로 소통이 안 된다는 것, 둘째는 서로 이해하지 못한다는 것, 셋째는 결과적으로 서로 사랑하는 마음이 없다는 것이다. 이쯤 되면 외계인들이 한집에 사는 셈이다. 한집에 사는 외계인들에게 가장 필요한 것은 대화다. 대화가 있어야 소통을 하고, 소통이 돼야 이해를 하고, 서로를 이해해야 사랑이 싹트지 않겠는가.

가족 간에 대화가 충분히 이루어지고 있는지 집안 분위기를 살펴보자.

겉으로 금방 드러나지는 않겠지만 남편과 아내, 부모와 자식 간에 큰 문제가 없다는 생각이 강할수록 위험하다. 방심할 때 위기는 찾아오기 때문이다. 착한 대화를 하려면 착한 대화법이 필요하다. 예를 들자면 위기를 기회로 바꾸는 대화법이 그렇다.

행복한 가정을 만드는 출발점이 바로 '착한 대화법'이다. 착한 사람의 반대말은 안 착한 사람이다. 즉 나쁜 사람이고 독한 사람이다. 고로 착한 대화법의 반대말은 독한 대화법 되시겠다.

모임이나 회의에 지각한 적이 많았던 영국 수상 처칠. 그가 하원의원에 처음 출마했을 당시 상대 후보는 그를 맹렬하게 공격했다.

"당신은 게을러 약속시간도 제대로 지키지 못하면서 어떻게 하원의원이 되겠다는 것입니까? 약속시간도 지키지 못하면서 어떻게 국민들과의 약속을 지키겠다는 겁니까? 지금 당장 사퇴하세요."

정치를 시작하는 사람에게는 치명적인 공격이 아닐 수 없다. 독한 대화가 시작된 것이다. 약속시간에 항상 늦게 나오는 사람, 늘 지각하는 사람, 약속을 어기는 사람을 좋아할 국민은 없었다. 당신이라면 어떻게 대답할 것인가. 처칠은 전혀 동요하지 않고 이렇게 말했다.

"나처럼 예쁜 마누라와 함께 산다면 당신들도 아침에 일찍 일어날 수 없을 것입니다."

처칠은 대수롭지 않은 일처럼 응수하여 폭발적인 웃음을 이끌어냈다. 아내가 예쁘다는 것을 자랑했을 뿐만 아니라 아내를 너무나 사랑한다는 것을 은연중에 과시하고 있는 것이다. 구체적으로 분석해 보면 처칠은 아내와 소통이 잘되고, 아내와 서로 이해하며, 아내를 매우 사랑한다는 것을 밝힌 것이다. 그는 선거에서 압도적인 표 차로 당선되었다. 위기를 기회로 바꾼 모범적인 사례 중의 하나다.

그러나 나는 분명히 말했다. 둥지는 굴레가 될 수도 있다고. 가족이나 가정이라는 둥지가 때로는 소통을 막는 굴레가 될 수도 있다. 가족 간의 소통 방식인 대화법을 살펴보고 점검하는 것이 모든 문제를 푸는 출발점일 수밖에 없는 이유이다.

그러면 구체적으로 어떤 대화가 문제가 될까? 먼저 사람들이 왜 마음에 상처를 입는지 추리해야 한다. 결론은 그 죽일 놈의 '입' 때문이다. 우리가 별 생각 없이 쓰는 말이 상대에게 상처를 주고 반발을 불러오는 것이다. 잘못된 대화방식을 사용하고 있기 때문에 말에 의해서 상처를 받는다는 것을 알아야 한다.

그러나 가장 심각한 문제는 가족의 구성원들이 스스로의 대화법에 문제가 있다고 생각하지 않는다는 것이다. 문제를 모르니 장기간 가족들에게 계속 상처를 입히게 된다. 강약이 다를 뿐 이것이 바로 언어폭력이고 학대다. 심한 경우에는 패륜범죄로까지 이어질 수 있다.

그러면 자신이 사용하는 대화법에 문제가 있다는 것을 어떻게 알 수 있을까? 전문가를 동원할 필요도 없다. 아이들이 점점 부모와 대화를 하려고 하지 않는 현상, 가족과 대화를 하기만 하면 큰 소리가 나오는 현상, 아버지나 어머니 한 사람만 일방적으로 말을 하고 있는 현상, 아이들이 갑자기 심하게 반항하거나 폭력적으로 돌변하는 현상 등을 보인다면 대화법에 문제가 있는 것이다. 딱 보면 알지 왜 모르나.

대개의 외계인 가족들은 이런 문제를 공통적으로 가지고 있다. 독한 대화법의 근원에는 가정이 자리하고 있고, 부모가 버티고 있다. 자식은 부모로부터 재산이나 성격이나 모양새도 물려받지만 대화법도 물려받는다. 어머니에게 화내고 비인격적인 언사를 해대는 아버지에게서 아들이 무엇을 배울 것인가. 아버지를 무시하고 기죽이는 어머니에게서 딸은 또 무엇을 배울 것인가.

자신이 의식하지 못하고 있는 독한 대화법이 가족들에게 어떤 영향을 미치는지를 보여주는 간단한 사례가 있다. 먼저 퀴즈를 내겠다. "연장 없이 큰 나무를 벨 수 있는 방법은 뭘까?" 남태평양 원주민들이 그 답을 준다. 그들은 땔나무를 구하러 갈 때 연장을 가지고 가지 않는다. 그냥 숲으로 들어가서 쓸 만한 나무에게 큰소리로 소리쳐 놀라게 하거나, 욕을 한다고 한다. 그러면 나무는 시름시름 앓다가 저절로 쓰러진다. 그때 쓰러진 나무를 끌고 와서 땔나무로 쓴다는 것이다. 물에 대한 실험도 많이 알려져 있다. 지속적으로 칭찬을 받은 물은 미네랄워터로 변하고, 비난을 받은 물은 빨리 썩어버렸다는 실험 말이다.

이 모든 것이 의미하는 것은 무엇인가? 말이 그만큼 무섭다는 것이다. 폭력적인 말은 상대에게 상처를 주고, 좌절감을 주고, 자존감을 다치게 하고, 분노를 불러온다. 또한 저항과 반발을 가져온다. 말 못하는 자연이나 생물이 그러할진대 하물며 사람은 어떻겠는가.

가족 간에 사용되는 치명적이고 잘못된 말을 구체적으로 살펴보자. 물론 광범위하여 규정하기가 쉽지 않지만 잘못된 대화는 크게 3가지로 요약된다. 첫째는 미리 판단해버리는 것, 둘째는 누군가와 비교하는 것, 셋째는 취향을 무시하고 강요하는 것이다.

먼저 '판단'의 사례를 보자.

"당신은 무책임한 사람이에요."

"왜 거짓말을 해? 너는 거짓말쟁이야."

가족 간에 대화를 하다가 이런 말을 들었을 때 무턱대고 반성하고 수용할 사람이 누가 있겠나. 설령 자신이 잘못을 했다 쳐도 당사자는 거부감을 보이고 방어와 저항을 하게 된다.

다음은 '비교'의 사례다.

"무슨 돈을 그렇게 많이 써? 옆집 철수 엄마 알뜰한 거 안 보여? 제발 돈 좀 아껴서 쓰라니까.”

“네 형 반만 따라가면 소원이 없겠다.”

남편이 알뜰한 옆집 철수 엄마와 비교한다면 돌아오는 아내의 대답은 십중팔구 이럴 것이다.

“그러면 철수 엄마랑 살든지.”

엄마에게 공부 잘하는 형의 반만이라도 따라가면 좋겠다는 소리를 들은 자식은 자존감이 약해지고 스스로 비참함을 느끼게 된다. 죄 없는 형을 미워하게 된다.

판단과 비교의 대화법도 문제지만 좀 더 심각한 것이 ‘강요’의 대화법이다.

“당신은 가족을 부양해야 할 가장이잖아요.”

누가 안 한다고 했나? 왜 강요를 하고 난리인가.

“넌 반드시 스카이(SKY) 대학을 가야 해.”

그 대학 안 가고 싶은 사람도 있나? 갈 실력이 안 되니까 문제지.

대개 대화법은 부모로부터 배운다. 우리 부모 역시 그의 부모에게 배운 말이다. 아주 오래 전부터, 나쁜 왕들은 자신의 권력을 오랫동안 누리고 백성들을 종처럼 부리기 위해서 하나의 전략을 고안해냈다. 즉 백성의 자존감을 말살하고, 스스로 비하하게 만들기 위해 말투를 조작한 것이다. 임금을 하늘이라 칭하고 백성을 땅이라 칭했으며, 성은이 망극하다고 했다. 이런 말투를 아무 비판 없이 따라하면서 백성들은 권력에 항거할 생각을 하지 못하는 고분고분한 신민이 되었다. 이런 말들을 폭력적인 언어라고 한다. 그런데 오늘날도 이런 말을 가정에서 사용하고 있다.

"엄마가 하라면 하는 거지 웬 말이 많아!"

"당신이 뭘 안다고 꼬박꼬박 말대꾸야?"

이런 말들이 가족에게 상처를 주고, 저항을 불러일으키고, 불화를 유발시킨다.

나 김대현은 독한 대화법을 고치겠다는 역사적 사명을 띠고 이 땅에 태어났다. 사람들이 내게 폭력적 언어나 나쁜 대화법을 고치기 위해 어떻게 해야 하느냐고 물어본다면 내 대답은 간단하다. 나쁜 대물림을 끊고, 좋은 대물림을 해주면 된다. 부모로부터 받은 나쁜 대화습관의 대물림을 끊고, 올바른 대화법을 자녀세대에 물려줘야 한다. 그러기 위해서는 부모들도 대화법을 공부해야 한다. 부부간에도 궁합이 맞는 대화법을 써야 한다.

그런데 궁합이 저절로 맞는 거라고 생각하면 오산이다. 속궁합도 겉궁합도 엄청 노력해야 된다. 그런데 말 궁합이라고 저절로 되겠나? 한 번에 모든 것을 완벽하게 해낼 필요는 없다. 우선 제일 쉬운 것 한 가지만 실천하다. 그 한 가지만으로도 가족 내에 변화가 일어나게 된다. 킬링 가족이 아니라 힐링 가족이 되는 것이다.

누군가는 내게 '말 잘하는 방법'을 열심히 연구하면 착한 대화를 할 수 있냐고 묻는다. 한마디로 무식한 질문이다. 말 잘해서 보험 상품을 팔려고? 말 잘해서 계약을 따내려고? 가족에게 필요한 것은 협상과 설득의 스킬이 아니다. 가족은 비즈니스의 대상이 아니기 때문이다. 가족에게는 공감을 바탕으로 한 소통이 필요할 뿐이다.

우리는 이미 말을 지나칠 정도로 잘하고 있다. 초등학교 때부터 토론을 가르치고 있고, 대학생들의 프레젠테이션 기술은 기가 막힐 정도다. 그런데 말 잘하는 가족들이 행복한가? 대한민국 부모가 말을 못해서 아이와의 소통이 단절되었는가? 내가 볼 때는 말이 너무 많아서 불통이다.

우선은 말을 조금 줄일 필요가 있다. 생각나는 대로 말하지 말고, 차분히 정리한 후에 말을 하는 습관이 가족관계를 개선시킬 수 있다. 우선은 부부 간의 소통이 제일 중요하다. 부부 간의 소통이 이루어지지 않는데 부모 자식 간의 소통이 잘될 리가 만무하다. 그래서 '가화만사성'이 사실은 '부부만사성'이라는 것이다.

인디언들의 기우제는 결코 실패하지 않는다고 한다. 왜냐하면 비가 내릴 때까지 기우제를 올리니까. 아내를, 남편을, 자식을, 진심으로 사랑한다면 독한 대화법이 아니라 착한 대화법으로 진정한 대화를 시작하자. 그리고 포기하지 말고 성공할 때까지 계속하자.

잘못된 대화의 요인은 크게 3가지로 요약된다. 첫째는 미리 판단해버리는 것,

둘째는 누군가와 비교하는 것, 셋째는 취향을 무시하고 강요하는 것이다.

진실로 상대를 사랑한다면 착하고 진정한 대화를 시작하자. 그리고 성공할 때까지 계속하자.

비가 내릴 때까지 기우제를 올리는 인디언들의 정성으로.

03
입 닥치고 들어라, 제발

한 남자가 신부에게 물었다.

"신부님, 하느님께 기도를 하다가 담배를 피워도 되나요?"

묵묵히 듣고 있던 신부의 표정이 어두워졌다. 이를 눈치 챈 사내는 다시 물었다.

"신부님, 담배를 피다가 갑자기 하느님이 생각나면 기도해도 되죠?"

신부의 표정이 밝아졌다. 기도를 하다가 담배를 피든 담배를 피다가 기도를 하든 팩트는 같다. 그러나 질문을 어떻게 하느냐에 따라 상황은 180

도 달라진다. 대화법이 얼마나 중요한가를 짐작할 수 있는 대목.

대화를 하다 보면 말이 길어지거나 많아질 수 있다. 단군 이래로 잔소리 좋아하는 사람은 없다. 대화를 잘하는 것도 중요하지만 때로는 남의 말을 귀 기울여 들어주는 것이 큰 힘을 발휘한다. 경청이 중요한 이유다.

오랫동안 외국에서 생활하던 아들이 입대를 위해 귀국한 적이 있다. 아들과 함께 단 둘이서만 두 달을 지내야 했다. 나는 정말 아들하고 잘 지내고 싶었고, 아버지로서 많은 것을 알려주고 싶었다.

어떻게 할까 고민하다가 세 가지 원칙을 정했다. 첫째, 절대로 화를 내지 않는다. 둘째, 좋은 말도 많이 하지 않는다. 셋째, 입 닥치고 듣는다. 특히 셋째 원칙을 아주 중요하게 지켰다. 무슨 말을 하더라도 지적하거나, 판단하거나, 고쳐주거나, 위로하는 일을 하지 않았다. 그냥 듣는 것에만 충실했다. 이렇게 지내던 중에 아들과 등산을 가게 되었다. 아들에게 하고 싶은 말이 너무나 많았지만, 꾹 참고 아들이 하는 말에 귀 기울여 주었다. 정말 입 닥치고 무조건 들었다. 그랬더니 아들은 그 동안 내가 몰랐던 얘기를 꺼내기 시작했다. 자신의 대학 생활 이야기, 여자 친구 이야기 등등 묻지도 않았던 말들이 술술 나왔다. 나는 정말 기뻤다. 아들 몰래 하늘을 올려다보면서 속으로 "땡큐!"를 외쳤다. 아들의 닫혔던 입이 열리면서 닫혔던 마음까지 열리는 것이 느껴졌다. 그 후로도 아들과 이야기할 때면 무조건 들으려고 노력하고 있다. 입 닥치고 듣는 것, 그것이 진리다.

이제 당신은 내게 질문을 던져야 한다. 경청을 잘하는 방법이 따로 있나요? 있다! 가족이 말을 시작하면 스님이나 목사님, 신부님이 얘기한다고 생각하면 된다. 법륜 스님이 법문을 하는데, 어디 감히 토를 달고 말을 자르겠는가? 무조건 잘 듣는 거다. 의심 없이 들으면 더 잘 들리는 법이다. 남편에게, 아내에게, 자식에게 그 정도도 못 해주냔 말이다.

무턱대고 들어주는 것, 경청은 기본적으로 대화가 부족한 가족이 대화를 시작하는 데 있어 아주 좋은 방법이다. 이 방법은 당장 실시해야 한다. 그러면 상대의 마음이 열리는 것을 느낄 수 있다. 상대가 말이 많아지는 것을 감지할 수 있다. 그 순간을 경험할 때까지 제발 입 닥치고 들어주기를 간절히, 정말 간절히 부탁한다.

'듣는 것으로 상대의 마음을 얻는다.'는 말이 있다. 이청득심(以聽得心)이라고 한다. 그래서 나는 남성들을 대상으로 강의할 때면 이 말을 자주 꺼낸다. 가정의 행복을 원한다면, 아내와 자식의 말을 잘 들어주어야 한다. 그래야 마음을 얻을 수 있고, 가정의 평화가 찾아올 수 있다. 생각해 보시라. 돈 한푼 들이지 않고, 잘 듣는 것만으로 아내와 자녀의 마음을 얻을 수 있다니 그 얼마나 좋은가.

만일 자식들의 말을 잘 들어주지 않으면 아들놈이 아빠 생일은 모르는데 편의점 아저씨 생일은 챙기는 일이 생긴다. 실제 상담을 통해 들은 이야기를 소개한다. 한 고등학생이 편의점에 담배를 사러 갔다. 편의점 주인은 고등학생이라는 것을 대번에 알아채고 담배를 팔지 않았다. 그러면서 그는 '정말 담배가 피고 싶으면 자기가 줄 테니 언제든지 오라'고 했다. 학생은 정말 그 주인을 찾아갔고, 그렇게 이런저런 이야기를 하다 보니 둘은 친해졌다고 한다. 아이는 부모님보다 편의점 주인아저씨가 자신을 더 잘 이해해준다는 생각이 들었다고 한다. 세상 어디에도 자기 말을 들어주는 사람이 없었는데, 단 한 사람만이 자신을 진심으로 위로해주었다는 설명이었다. 그 학생은 편의점 주인의 생일을 챙기기에 이르렀다. 귀한 자식의 마음을 남에게 빼앗긴 경우다.

자고로 이청득심이다. 잘 듣는 것으로 상대의 마음을 얻을 수 있다. 그런데 말처럼 쉽지가 않다고 한다. 대부분의 남편들은 아내의 말을 잠자코 듣는 것이 어렵다고 토로한다. 왜 어려울까? 말하는 것은 태어나서 3년쯤이면 배울 수 있다. 그러나 제대로 듣는 것을 배우려면 30년쯤이 걸린다. 오죽하면 내가 그냥 입 다물고 들으라고 하겠는가. 배우자든 자식이든 상대가 말하기 시작하면, 입 다물고 들어야 한다. 판단도 하지 말고, 도와주려는 생각도 하지 말고, 그냥 들어야 한다. 잘 들어

주는 것만으로도 상대는 마음을 열기 때문
이다.

어느 날, 아이가 말한다.

"엄마, 나 힘들어."

아이는 위로받고 싶다는 절박한 심정으로 엄
마에게 하소연한 것이다. 그러자 엄마가 대답한
다.

"네가 뭐가 힘들어? 엄마는 더 힘들어."

이쯤 되면 막가자는 거다. 이래서야 대화의 진도가 나가지 않는다. 이럴
때 필요한 것이 경청이다. 귀 기울여 들어만 주어도 효과가 나온다. 최소
한 상대가 말하는데 끼어들지는 않는 것만으로도 위로가 시작된다. 아무도
들어주지 않는데 말하고 싶겠는가? 말만 하면 바로 반박이 들어오고 지적
을 당하는데 말하고 싶겠는가? 분위기 엉망으로 만들어 놓고 왜 고민을 말
하지 않았냐고 윽박지르는 게 우리나라 부모들이다. 그러니 아이 문제는
99%가 부모 문제라는 말이 나오는 것이다.

상대가 배우자든 자식이든 계속 말을 하게 만들어야 한다. 아이들은 자
신의 말을 들어주는 사람에게 마음을 연다. 답을 주려고 생각할 필요가 없
다. 많은 아이들이 부모 대신 친구들에게 고민을 털어놓는다. 친구들은 태
클 걸지 않고 공감하면서 자신들의 이야기를 들어주기 때문이다.

로마시대에는 부부싸움을 하는 방법이 따로 있었다고 한다. 싸움이 심해지면 부부는 으레 신전으로 올라갔다고 한다. 부부는 아무도 없는 신전으로 들어가, 한 사람씩 이야기를 시작한다. 그런데 여기엔 지켜야 할 원칙이 있다. 한 사람이 이야기할 때, 다른 사람은 토 달지 말고 그저 들어야 한다는 것이다. 아내가 자신의 어린 시절 상처를 설명하면서 운다고 치자. 아내의 이야기를 잘 들은 남편이라면 아내의 이야기가 끝나고 살포시 안아줄 것이다. 아내의 경우도 생각해보자. 남편이 불만을 토로할 때 변명도 하고 싶고, 사실을 규명하고 싶을 것이다. 그러나 아내도 그저 들어야 한다. 남편의 이야기를 잘 들은 후, 아내는 미소 띤 얼굴에 고개만 몇 번 끄덕여주면 된다. 이 부부가 신전에서 나올 때는 들어가기 전과는 다른 사람들이 되어 있을 것이다. 이것이 공감이다. 공감이 일어나야 비로소 소통이 된다. 바로 이것이 입 닥치고 듣는 것의 효과다. 가족 간의 대화는 말하는 것이 아니라 들어주는 것부터 시작해야 한다.

자식들이 기대에 부응하지 못한다고 해서 부모들이 초조해하거나 낙담할 필요는 없다. 그저 들어주는 행위 하나만으로도 지금보다 훨씬 나아질 수 있다는 것을 꼭 기억해야 한다.

세련된 유머를 구사했던 루스벨트 대통령. 그는 재임 시절, 단 한 번도 초조해하거나 낙담한 모습을 보이지 않은 것으로 유명하다고 한다.

어느 날, 신문사 기자가 루스벨트 대통령에게 물었다.

"대통령께서는 초조하거나 불안할 때, 어떻게 마음을 가라앉히나요?"

대통령은 간단하게 대답했다.

"휘파람을 붑니다."

기자는 이상하다는 듯이 다시 물었다.

"그렇지만 대통령께서 휘파람을 부는 것을 들은 사람이 없는데요."

그러자 대통령은 빙긋 웃으며 대답했다.

"당연하죠. 아직 휘파람을 불어본 적이 없으니까요."

대통령이 초조해하거나 낙담하면 국민에게 영향을 끼칠 수밖에 없다. 부모들이 자식들을 대할 때도 마찬가지다. 불안해하지 말고 경청을 해야 한다. 우리나라 부모들이 특별히 고쳐야 할 것이 있는데, 제발 가르치려 들지 말라는 것이다. 대화라는 것이 좋은 말을 하는 것이 아니라 잘 들어주는 것이라고, 생각을 바꿔야 한다. 우리나라 부모들은 아이들이 하는 말은 듣지 않고 자기가 하고 싶은 말만 하려는 경향이 있다. 좋은 말이 아이들을 변화시킬 거라는 생각은 오해다. 좋은 경청이 상대를 변화시킨다. 말 못하는 부모는 없다. 모두 말을 잘한다. 그러나 잘 들어주는 부모는 많지 않다. 이것만 바꾸어도 변화는 시작된다.

스스로에게 물어보시라. 단 한 번이라도 아이들의 말을 반박하지 않고,

판단하지 않고 잘 들어준 적이 있었는가. 네가 말해주어서 정말 기쁘다고 아이들에게 말해준 적이 있는가. 중요한 것은 물론 꾸준한 실천이다. 단 한 번 시도에 모든 것이 변할 것이란 생각은 버려야 한다. 어느 날 아이에게 "무슨 말이라도 해봐, 내가 다 들어줄게."라고 말한다면 아이들은 "엄마, 어디 아파?"라고 반응할 게 분명하다. 생각해보시라. 잘못해온 기간이 10년인데, 하루아침에 달라질 수 있겠는가. 1년, 아니 한 달이라도 입 닥치고 성심성의껏 들어주자. 잠자코 기다려주자.

걱정하지 마시라. 결국은 기다려주는 사람이 이긴다.

자식들이 기대에 부응하지 못한다고 해서 부모들이 초조해하거나 낙담할 필요는 없다.

그저 들어주는 것만으로도 지금보다 훨씬 나아질 수 있다는 것을 기억해야 한다.

좋은 말이 아이들을 변화시키는 것이 아니다. 좋은 경청의 자세가 상대를 변화시킨다.

침묵은 똥이다

도대체 뭔 소리냐고 힐난할 수도 있겠다. 입 닥치고 들으라고 혓바닥이 마르고 닳도록 떠들더니 침묵은 똥이라는 제목을 던졌으니. 그런데 내가 앞에서 말한 경청과 침묵은 분명 다르다. 대화를 위해 마음을 열기 위해서는 경청을 해야 하지만, 계속 침묵해서는 대화를 시작할 수 없기 때문이다.

침묵은 무관심에서 나오는 대화의 단절이라 할 수 있다. 대화의 단절을 극복하기 위해서는 원인을 찾아서 해결책을 하나씩 알아보아야 한다. 그런 측면에서 대화의 단절을 극복하고 가족 간에 대화를 시작하려면 대화를 주도하는 사람의 태도가 중요하다. 입으로는 거짓말을 할 수 있지만 몸은 거짓말을 하기가 어렵다고 한다. 몸의 반응을 살펴 진실을 규명하겠다는 거짓말탐지기가 여전히 유용한 이유도 그것이다. 대화는 언어적 형태와 비언어적 형태로 이루어지는데, 태도는 비언어적 형태로 자신도 모르게 전달이 되며 언어적 형태의 메시지보다 더 강력한 힘을 발휘한다.

프랑스의 루이 11세는 불길한 예언으로 사람들을 현혹시키는 예언자들을 모조리 잡아서 처형시키라는 명령을 내렸다고 한다. 어느 날, 최고의 예언자로 손꼽히는 사람이 체포되었다는 보고를 받은 루이 11세가 직접 그 사람을 심문했다.

"네가 정말 예언자라면 네 운명을 맞추어보라. 네가 얼마나 더 살 것 같으냐?"

"폐하, 정확한 날짜는 알 수 없으나 제가 폐하보다 사흘 먼저 죽는다는 것만은 확실합니다."

사람의 목숨을 대상으로 나눈 대화이다. 자신의 목숨이 위태로운 상황에서 예언자는 절묘한 대화술로 자신의 목숨을 구했다. 루이 11세는 예언자를 처형하라는 명령을 차마 내리지 못한 것이다. 그런데 여기서 우리가 간과해서는 안 될 것이 있다. 예언자의 말도 힘을 발휘했겠지만, 그의 확신에 찬 어투와 두려움 없는 표정 등이 함께 어우러져 왕의 마음을 돌렸을 것이다.

가정에서의 대화도 태도가 중요한데, 대부분 경시되고 있는 실정이다. 예를 들어 부부나 부모가 팔짱을 낀 채 대화한다고 가정해보자. 들으려는 생각은 애초에 없고, 일방적으로 본인이 하고 싶은 말만 퍼붓겠다는 태도인 것이다. 자신이 생사여탈권을 쥔 루이 11세도 아니면서.

팔짱을 끼고 고압적인 태도로 말하는 것은 대화가 아니다. 일방적인 훈시다. 이런 대화는 백날 해봤자 효과가 없다. 오히려 서로 반발심만 생긴다. 회초리를 들고, 혼내지 않을 테니 사실대로 말하라고 하는 부모들도 있다. 아이들은 바보가 아니다. 일단 회초리를 보면 몸부터 경직되고 혹시 그 회초리가 나를 향할까봐 거짓말을 하게 된다. 거짓말하지 말라는 부모의 태도가 오히려 아이들의 거짓말을 촉발한다. 이런 일들이 자꾸 반복되면 자연스럽게 부부나 가족 간의 대화가 줄어들게 된다. 그렇게 외계인 가족이 되는 것이다. 그래서 말의 내용보다, 말하는 사람의 태도가 더 중요하다. 음식도 어떤 그릇에 담아내는가에 따라 차이가 난다. 좋은 말도 좋은 태도에 담아내야 효과가 크지 않겠는가.

그렇다면 어떤 태도가 가장 효과적인지 알아보자. 아서 웨이저(Arthur Wasser)라는 학자는 대인관계에서 있어 자신이 상대에게 관심을 보이고 있다는 비언어적 태도를 제시하고 있는데 그게 바로 SOFTEN이다.

몸의 위치도 중요한데, 가급적이면 똑바로 마주앉는 것보다 90도 정도로 돌아앉는 것이 좋다. 이 모든 것을 넘어서 가장 중요한 것은 물론 자신과 상대를 배려하는 마음가짐이다. 자신과 상대를 배려하는 마음가짐을 가진 사람과 그렇지 않은 사람은 대화의 방향이 달라질 수밖에 없다. 뿌리가 다른 나무에 같은 열매가 맺힐 리가 없지 않는가. 꼭 기억하자, SOFTEN!

Smile : 미소를 띤다
Open : 열린 자세. 팔짱을 끼거나 턱을 괴는 행동을 피한다.
Forward lean : 상대방 쪽으로 몸을 살짝 기울인다.
Touch : 적절한 스킨십을 병행한다.
Eye : 눈을 마주친다.
Nod : 맞장구를 쳐준다.

소크라테스는 '네 자신을 알라'고 했다. 자신의 소통 유형이 어떤지를 알면 상대방도 잘 이해할 수 있고 화가 나는 상황을 스스로 컨트롤할 수 있게 되기 때문이다. 갈등 상황을 대면했을 때 사람들은 다양한 반응을 하게 된다. 회피하거나 방임하는 사람들도 있고, 분노하며 그 상황을 통제하려 드는 사람도 있다. 물론 가장 바람직한 반응은 소통을 통해 갈등을 조정하려는 사람이다.

남편이 퇴근했는데, 거실은 지저분하게 어지럽혀져 있고 아내가 아이들을 혼내고 있다. 만약에 당신이 그 남편이라면 어떤 말을 하겠는가? 아래 보기에서 골라보라.

① "조용하지 못해! 다 꼴 보기 싫어."
② 아무 말 없이 방으로 들어간다.
③ "도대체 당신은 뭐하는 사람인데, 애들 하나 못 돌보고 집안이 이 꼴이야!"
④ "여보, 오늘 무슨 속상한 일 있었어?"

답을 골랐으면 하나씩 살펴보자.
①번과 ③번을 골랐다면 자신은 존중하지만, 상대는 무시하는 유형이다. ②번을 고른 당신은 나를 무시하고 상대를 존중하는 유형이다. ④번을 고른 당신은 나도 존중하고 상대도 존중하는 유형이다.

소통 유형을 알아보는 테스트는 심심풀이로 해보면 되지만 그 결과는 마냥 웃어넘길 수 없다. 당신의 답변 속에 큰 의미가 담겨 있기 때문이다.

①번에 가까운 사람들은 대화할 때, 서로에게 상처를 줄 가능성이 크다. 관계가 악화될 염려가 높으며, 가족 구성원이 함께 나빠질 수 있다. ②번에 가까운 사람들은 상대방은 성장하지만 자신은 퇴보하여 자꾸 방어적으로 변하게 된다. ③번에 가까운 사람들은 자신은 성장하나 상대가 퇴보한다. ④번에 가까운 사람들은 두 사람의 협동과 성장, 관계가 잘 발전할 가능성이 높다. 어느 쪽을 선택하실 건가.

내가 사용하는 대화법에 문제가 있으면, 그로 인해 사랑하는 배우자가,

그리고 더 사랑하는 자녀들이, 그리고 내 주변의 좋은 사람들이 상처를 입는다. 그 상처는 쉽게 치유될 수 없다는 사실을 잘 알아야 한다.

폭력 중에 그 깊이를 알 수 없을 정도로 무서운 게 언어폭력이다. 대화법에 문제가 있어서 생긴 폭력이라면 상황이 심각할 수밖에 없다. 내가 사용하는 폭력적 대화법을 고치지 않으면, 내 아이들이 똑같이 배울 것이고 그러면 그 아이의 아이들도 상처받게 될 것이다. 불행이 대물림되는 것이다.

테스트가 끝났으면 부부간 대화 단절의 외적 요인을 짚어보고, 솔루션까지 찾아 실행해보는 시간을 갖도록 하자.

첫째, 너무 바쁜 나머지 부부 간이나 가족 간의 대화 단절이 일상이 되어버린 경우다. 어쩔 수 없는 일이기도 하고, 앞으로도 상황이 더 나빠질 가능성이 크다. 우리의 해결책은 간단하다. 돌아갈 것이 아니라 곧장 핵심을 찌르고 들어가자는 것이다. 부부나 가족 간에 의도적으로 접촉 시간을 늘려야 한다. 매일 부부가 10분씩 차를 마시는 시간을 가지거나, 일주일에 한 번은 둘만의 데이트 시간을 갖는 것도 바람직하다. 같이 산책을 하거나 공통의 취미를 갖는 것도 아주 좋다. 자녀들과는 식탁에서의 대화가 아주 중요하다. 식탁에서는 혼내거나 놀리거나 반박하지 않는다는 원칙을 지켜야 한다. 주로 들어주는 입장을 취하는 것이 좋다.

둘째, 대화의 주제가 한정되면 대화는 단절된다. 부부 간 대화의 내용을 살펴보면 꼭 필요한 돈 이야기, 살림 이야기, 아이들 성적이나, 시댁 혹은 친정 이야기 등이 대부분이다. 예를 들어 청소기가 고장났다거나, 아이를 데리고 병원을 가야겠다는 이야기, 출장을 간다는 이야기, 자식들이 공부는 잘하는지 혹은 성적은 어느 정도인지 등이 대부분이다. 이제 대화의 주제에 변화를 시도해야 한다. 무거운 것에서 가벼운 것으로, 중요한 것에서 사소한 것으로 변화가 되어야 할 것이다. 상대방이 잘 아는 연예인 이야기나 게임 이야기, 영화이야기, 스포츠 이야기나 식탁에 오른 반찬 이야기로 시작하는 것이 효과적이다.

 스마트폰과 인터넷은 사람을 중독시키는 것과 동시에 고립시킨다. 특히 자녀들과의 대화 문제를 더 어렵게 만들고 있다. 그렇다면 집안에서 지켜야 할 룰을 만들어야 한다. 특히, 스마트폰을 사용하지 않아야 하는 공간이 있어야 한다. 집안에 스마트폰 금지구역을 선포하는 것이다. 아이들을 위해서 TV를 치우듯이 가족을 위해 스마트폰을 치운다고 생각하라. 아이들도 어릴 적부터 절제 훈련을 해야 하고, 어른들의 솔선수범도 필요하다. 식당에서 식사를 끝낸 후, 가족 모두가 스마트폰을 들여다보고 있는 장면을 본 적이 있다. 기괴하고 끔찍한 모습이었다. 외계인 가족이 아니고 무엇인가. 집에서는 스마트폰을 멀리하라는 가훈이 필요한 시대에 살고 있다.

　다윈의 명저『종의 기원』의 핵심은 변화에 적응하는 종만이 살아남는다는 것이다. 머리가 좋은 종이나 힘이 센 종이 살아남는 게 아니라 변화에 대처하고 적응하는 종이 승리한다는 얘기다. 세상은 변했다. 침묵은 금이라는 얘기는 좋은 격언이기는 하지만 세상이 변했다는 것을 먼저 인정해야 한다.

대화를 위해서는 경청이 우선이라고 하니 대화하는 자리에서 침묵하는 사람들이 있다.
그런데 경청과 침묵은 분명 다르다. 상대의 말을 충분히 경청한 다음에는
따뜻한 시선과 진심 어린 말로 반응을 해주어야 한다. 사람이 아니라 벽과 이야기하는
느낌을 주어서는 안 된다. 침묵이 금이라는 얘기는 잊어버리자. 세상이 변했다.

우리 가족, 행복 만들기 20계명

1. 가족들이 왜 마음에 상처를 입었는지 추리하라. 결국 말이 상처를 준다는 사실을 알게 될 것이다.

2. 자신의 대화법에 문제가 없는지 점검하라.

3. 자식은 부모로부터 재산이나 성격이나 모양새도 물려받지만 대화법도 물려받는다.

4. 많이 칭찬하라. 지속적으로 칭찬을 받은 물은 미네랄워터로 변하고, 비난을 받은 물은 빨리 상한다.

5. 양화는 악화를 구축한다. 부모로부터 받은 나쁜 대화습관의 대물림을 끊고, 올바른 대화법을 자녀세대에 물려줘야 한다.

6. 가화만사성이다. 가정이 화목하면 모든 일이 순조롭다.

7. 가족은 행복의 시작인 동시에 불행의 시작일 수도 있다.

8. 소통을 고민하라. 행복한 가정을 만드는 비결은 사실 작은 문제가 큰 문제로 확대되지 않도록 잘 관리하는 것이다.

9. 소문만복래가 아니라 소통만복래다.

10. 찰떡궁합이 되려면 세 가지 궁합이 맞아야 한다. 첫 번째는 속궁합, 두 번째는 겉궁합, 세 번째는 대화궁합이다.

11. 언어폭력을 삼가라. 언어폭력이 무서운 이유는 가해자가 가해자인 줄 모르고, 피해자가 피해자인 줄 모른 채 장시간 행해진다는 것이다.

12. 경청하라. 그저 들어주는 것만으로도 지금보다 훨씬 나아질 수 있다. 좋은 경청이 상대를 변화시킨다.

13. 입을 다물든가 말이 침묵보다 월등하게 만들든가, 둘 중 하나를 선택하라.

14. 좋은 말도 좋은 태도에 담아내야 효과가 크다.

15. 부부나 가족 간의 접촉 시간을 의도적으로 늘려라.

16. 집안에서 지켜야 할 룰을 만들어라.

17. 대화가 있어야 소통을 하고, 소통되어야 이해를 하고, 이해해야 사랑이 싹튼다.

18. 잘못된 대화는 미리 판단하는 것, 누군가와 비교하는 것, 그리고 상대방을 무시하고 강요하는 것이다.

19. 결국 기다려주는 사람이 이긴다는 사실을 잊지 말자.

20. 부부 간 대화 단절의 요인은 바쁜 일과, 빈곤한 대화 주제, 그리고 TV와 스마트폰 등 문명의 이기다.

우린 다른 종족이야

뿌리부터 다른 남편과 아내의 소통

알고맞으면좀덜아프다

남성과 여성은 화성과 금성의 거리만큼 먼 존재다. 애초에 생겨먹은 게 다르고 배운 게 다른데 어떻게 쉽게 이해가 되고 납득이 되겠는가? 답답하긴 피차일반인 셈이다. 다만 상대가 그렇다는 걸을 알게 되면, 똑같이 당하더라도 덜 답답하다. 즉, 알고 맞는 매가 덜 아프다는 것이다. 먼저 남녀의 심리적인 차이에 대해 알아보자. 남성은 시각적 자극에 민감하다면 여성은 청각과 촉각에 매우 민감하다. 배우자에 대한 기대 측면에서 살펴보자. 남성은 여성을 성생활이나 놀이친구로 여기며, 여성의 매력적인 외모에 집착하면서도 살림 솜씨가 뛰어나기를 바란다. 더구나 남성들은 배우자가 내조를 잘해주기 바라고, 여성에게 칭찬받는 것을 좋아한다. 반면에 여성들은 배우자가 애정 표현을 자주 해주고 대화에 성실하기를 바란다. 또 남편이 돈을 잘 벌면서도, 자녀와 많은 시간을 보내주기를 원한다.

남성과 여성의 대화법을 과학적으로 분석해 보면 그 차이가 극명해진다. 남성이 하루에 사용하는 단어가 약 2,000~4,000개라면 여성은 약 6,000~8,000개라는 얘기가 있다. 의사 표현 횟수도 남성이 약 7,000회, 여성은 약 20,000회라고 한다. 대화 내용을 살펴보면 남성이 사실과 정보 전달에 집착하는 반면 여성은 말하는 과정과 분위기를 중요시한다는 것이 밝혀졌다.

말을 하는 동기나 목적도 남성과 여성이 많이 다르다. 언어지능과 관계지능이 발달하지 못한 남성은 문제가 있거나 용건이 있을 때 대화를 시도하려고 하는 반면, 여성은 감정적 지지와 공감이 필요할 때 대화를 시도한다. 남성의 대화 목적이 정보수집과 문제해결이라면 여성은 관계유지와 친교라는 분석이다. 이런 사실은 시사하는 바가 크다.

대화를 하는 경향도 분석해보자. 남성은 간결한 이야기를 원하고 결과나 해결책을 찾는 경향이 있다면, 여성은 세부 사항의 긴 이야기를 즐기고 과정이나 배경을 중요시한다.

대화의 집중도도 차이가 나는데 남성은 한 번에 한 가지에 집중하는 반면, 여성은 동시다발적으로 많은 것에 집중하는 멀티태스킹 능력을 선보인다. 남편들이 텔레비전에 집중하고 있을 때는 아내가 무엇을 부탁해도 제대로 반응을 보이지 않는다. 아내의 목소리가 귀에는 들렸지만 뇌에는 전달되지 않았기 때문이다. 결코 아내를 무시해서 그런 것이 아니다. 사내아이들도 마찬가지다. 그러나 여성은 이야기를 하면서 동시에 텔레비전을 보거나 아이의 공부를 봐줄 수 있다.

누구에게나 콤플렉스는 있다. 세상사가 다 그렇고 세상 사람들이 다 그렇다. 작은 나라일수록 큰 대(大) 자를 많이 쓴다. 대영제국과 대일본제국이 그렇고 그보다 작은 나라인 대만이 그렇다. 사실 그 옆에 또 한 나라가 또 있는데 차마 내 입으로는 말 못하겠다. 대 자를 쓰는 것이 자신감의 표현일 수도 있겠으나 본질적으로는 콤플렉스의 발로일 가능성이 크다. 고백하자면 내 이름에도 큰 대 자가 들어가 있는데, 그건 내가 한 일이 아니니 양해해주시길 바란다.

콤플렉스에 대해서 말을 꺼낸 이유는 남성이라고 모두 마음이 넓고 너그러운 것이 아니라는 얘기를 하고 싶어서다. 반대로 모든 여성이 자애롭고 모성애가 뛰어나지도 않으며 모든 여성이 현모양처가 될 수도 없다. 그건 논리적으로도 맞지 않는다. 혈액형이 A형인 사람들은 마음놓고 화내지도 못한다. A형은 어쩔 수 없다는 말을 듣기 싫기 때문이다. 남성들도 마찬가지다. 기분 나쁜 일을 당하면 기분이 나쁜 게 당연한데도 혈액형이 A형이 거나 남성이라는 이유로 참아야 하는 경우도 많다.

주변에 지저분한 것들이 널려 있는데 치우지도 않고, 할 일이 많은데 무신경하거나, 심지어 옆에서 아기가 울고 있는데 텔레비전만 보고 있는 남편을 보며 속이 터지는 아내들이 많을 것이다. 그러나 잘 따져보면 아내를 무시해서라기보다 남편이 자란 가정환경이나 권위적인 사고 탓일 가능성이 크다. 남자의 뇌 구조와 기능이 근본적으로 여성과 다르고 사회화의 경험이 다르기 때문이다.

이럴 때는 시원하게 잔소리를 퍼붓고 싶겠으나 그리하면 가정의 평화나 안녕이 깨져 아내들만 더 스트레스를 받게 될 공산이 크다. 아내들이 명심할 것이 3가지 있는데, 지금부터 그것을 알려주겠다.

첫째, 남편은 알아서 뭔가를 해주는 존재가 아니라는 사실을 기억하자. 간혹 옆집 남편이 아내가 원하는 것을 다 알아서 해준다는 소리를 풍문으로 전해 듣고 우리 집 남편을 잡아봐야 소용이 없다. 옆집 남편과 비교 당한 남편 치고 인상 쓰지 않는 남편은 없다. 옆집 아줌마가 뻥을 쳤을 공산도 크고, 간혹 천 명 당 하나에 속하는 돌연변이일 수도 있다. 그리고 옆집 아줌마가 남편한테 하는 행동이 나와는 다를 가능성도 열어둬야 하지 않겠는가.

둘째, 치사하고 싸우기 싫으니 내가 다 해버리겠다는 생각은 위험하다. 실제 이런 생각을 가진 아내들이 많다. 그런데 평생 아내 혼자 집안일과 육아를 도맡아서 하기는 힘들다. 얼마 안 있어 몸도 지치고, 마음도 지치고, 무엇보다 남편의 습관이 더러워지기 때문이다.

셋째, 남편에게 점진적으로 가사를 분담하게 하자. 실행 전략까지 속 시원하게 알려주겠다. 남편에게는 한 번에 한 가지씩 명확하게 요청하자. 아이를 봐달라고 했으면, 일단 그 일이 끝난 후 장난감을 통에 넣어달라고 해야 한다. 기억하자. 남자는 한 번에 딱 한 가지만 할 수 있다. 그리고 남편이 하는 짓이 서툴고 마음에 들지 않더라도 인내심을 가지고 지켜보고, 남편의 칭찬받고 싶은 욕구를 채워주어야 한다.

나쁜 사례를 하나 보여주겠다. 아내가 이렇게 말한다.

"그릇만 씻으면 끝인 줄 알아? 행주도 빨아 널고, 싱크대 물기도 닦아야지. 뭐 하나 제대로 하는 게 없어. 당신은 어떻게 그렇게 대충대충이야?"

이럴 경우 남편은 속으로 어떤 생각을 할 것 같은가.

'내가 다시 설거지를 하면 성을 간다.'

그러면 좋은 사례를 살펴보자. 아내가 부드럽게 말한다.

"당신이 도와주니까 일이 빨리 끝났네. 고마워 여보. 다음에도 또 부탁해."

남편이 무슨 생각을 하겠나?

‘아내가 좋아하는군. 오랜만에 칭찬 받으니까 기분 좋은데, 뭐 더 할 거 없나?“

자고로 남자는 다루기 나름인 것이다.

아내들이 주의할 것이 있는데, 남편들은 장황한 얘기나 핵심에서 벗어난 얘기를 싫어한다는 것이다. 말의 속도와 감정 조절을 잘해서 남편이 편안하게 대화에 동참하도록 유도하는 노력이 필요하다.

그리고 반복하지만 남편에게는 한 번에 한 가지씩 말해야 한다. 아내가 남편에게 한꺼번에 여러 가지 불만을 이야기하면 남자는 짜증부터 나는 것이다.

어느 날, 아내가 따진다.

“당신 요즘 왜 그래? 매일 술 먹고 늦게 들어오고, 휴일에는 운동한답시고 집에 없고, 애들하고 놀아주지도 않으니 애들이 아빠 얼굴도 잊어버리잖아요. 이게 사는 거예요? 어디 입 있으면 말 좀 해봐요?”

남편의 입장에서 생각해보자. 일단 화가 난다. ‘왜 아내는 그렇게나 많은 것을 요구하는 걸까. 에이, 차라리 아무것도 하지 말자.’ 고대 그리스의 희극 작가 메난드로스는 ‘아버지는 겁을 줘도 절대 그것을 실행하지는 않는다.’고 했다. 아무리 다그치고 겁을 주어도 아버지라는 존재는 말을 듣지 않는다.

아내가 전략을 바꾸어 이렇게 말한다고 해보자.

"여보, 의논할 게 있어요. 아이들을 재울 때마다 아빠는 언제 오시냐고 물을 때가 많아요. 일이 많고 바쁜 것은 알지만 아이들을 위해서 일주일에 하루이틀이라도 조금 일찍 들어오면 좋겠어요."

남편은 갑자기 미안한 감정이 들 것이다. 뭔가 변화해야겠다는 마음이 생기는 것이다. 남자는 다루기 나름이라는 말을 몇 번이나 반복해야겠는가.

남편도 고집만 부릴 것이 아니다. 인내심을 가지고 아내의 말에 귀를 기울여 주고, 공감하고, 본인의 진실한 마음과 관심을 아내가 알아차리도록 언어적, 그리고 비언어적 피드백을 전달하여야 한다. 그리고 아내가 고통스러워하는 침묵을 줄이고, 입을 열어 자신의 마음과 상황을 전달하는 노력을 기울여야 한다.

분명히 짚고 넘어가야 할 것은 대화와 소통의 차이다. 대화가 서로 말을 주고받는 것이라면, 소통은 생각을 주고받는 것이다. 진정한 소통을 위해서는 관심과 배려와 공감이라는 토대가 필요하다.

남편들은 아내가 가장 원하는 것이 감정적 지지라는 사실을 명심해야 한다. 사례를 들어보겠다. 아내의 하소연이 시작된다.

"여보, 어머님이 요즘 진지를 꼭 한 숟가락씩 남겨서 속상해 죽겠어요. 한 숟가락 남긴 밥을 매번 버리자니 아깝고, 내가 먹을 수도 없고, 왜 그러신지 몰라? 나한테 섭섭한 일이 있으면 직접 말씀하시지.”

화성에서 온 아무 생각 없는 남편은 대답한다.

“노인네가 입맛이 없어서 그러시겠지. 어머니가 좋아하는 반찬 좀 해드려 봐. 당신이 알아서 하면 되지, 나한테 말하면 어쩌라고.”

알고 보면 대한민국의 모든 남편들은 다 효자다. 문제는 행동으로가 아니고 입으로만 효자다. 모든 뒤치다꺼리는 아내들이 하는데 남편들은 몇 마디 말로 끝내는 것이다.

개념 있는 남편은 어떻게 말할까?

“하긴 나도 몇 번 본 것 같아. 당신 속상하겠다. 당신도 하느라고 하는데 걱정이네. 내가 한 번 잘 살펴보고 넌지시 왜 그러시는지 운을 떼볼 테니 다시 이야기해 봅시다. 노인네가 왜 그러신대? 아, 미치겠네.”

아내의 입장에서는 남편의 감정적 지지를 획득했으므로 기운이 저절로 난다. 아내가 스스로 알아서 해결할 동력이 확보되는 것이다.

대화와 소통이 쉬우면 왜 수많은 부부가 헤어지겠는가. 아내나 남편이나 소통에 대해서 제대로 배우지 못했고, 서로의 차이를 인정하지 않아 불행으로 치닫는 경우도 있다. 대화와 소통의 방법을 조금만 개선해도 행복한 가정이 더 늘어날 것이다. 대화와 소통이 없는 가정은 헤어날 수 없는 늪과 같다. 차이를 인정하고 대화와 소통에 적극적으로 나서는 것이 늪을 건너는 출발점이다.

분명히 짚고 넘어가야 하는 것이 대회와 소통의 차이다.

대화가 서로 말을 주고받는 것이라면, 소통은 생각을 주고받는 것이다.

진정한 소통을 하고 싶다면 관심과 배려와 공감이라는 토대를 만들고

그 위에 대화의 탑을 쌓아야 한다.

쓸데없는 이야기의 놀라운 효과

남편과 아내는 뿌리부터 다르다. 연애할 때는 돈보다 사랑이 중요하다며 서로를 위해 모든 것을 다 양보했지만, 이혼하며 헤어질 때는 1~2만 원도 아까워서 서로 박 터지게 싸우는 게 부부다. 그러니 소통과 대화가 중요할 수밖에 없다. 이번 장에서는 부부 간 대화와 소통에 대해서 살펴보고자 한다.

프랑스의 작가 모루아는 "부부간의 대화는 외과수술과 같이 신중히 실행되지 않으면 안 된다. 어떤 부부의 경우는 정직이 지나쳐 건강한 애정에까지 메스를 들이대어, 죽어버리는 수도 있다."고 경고했다. 근본부터 다른 사람들이 만나 함께 살자니 대화가 쉬울 리 없다. 대화에 신중을 기해야 하는 이유다. 『탈무드』는 부부란 관계에 대해 이렇게 말하고 있다. "아내의 키가 작으면 남편의 키를 줄여라." 작은 아내의 키를 잡아 늘일 방법은 없다. 하지만 남편이 몸을 낮출 수는 있다. 남편 쪽에서 먼저 양보하라는 명언이다.

부부간의 대화를 원활히 하려며 어떻게 해야 할까? 우선 대화의 물꼬를 터야 한다. 가볍게 시작하면 된다. 부부 간의 좋은 대화란 결코 남북통일, 세계평화와 같은 거창한 이야기가 아니라 바로 쓸데없는 이야기다. 여기서 말하는 '쓸데없는 이야기'란 옆집 흉보기, 막장 드라마 보고 총평하기, 회사 상사 욕하기 등등이다. 일단 이런 이야기들은 돈도 안 들고 스트레스 해소에도 좋다. 드라마의 경우엔 욕하면서 본다는 '욕드'가 제격이다.

그런데 '욕드'를 보다가 너무 감정이입을 한 나머지, 서로 싸우는 부부들도 있다. 정말 대책이 안 선다. 드라마를 욕하든지 악역을 맡은 주인공을 욕해야지 서로를 욕하면 되겠나. 부부간의 적절한 싸움을 꼭 나쁘다고만 볼 수는 없지만 의자나 밥솥이 날아다니면 곤란하다. 아무튼 부부 간에는 상대의 관점을 이해하고 존중해주는 연습을 하는 것이 중요하다. 같은 현상을 보고 다른 생각을 할 수도 있다는 것을 받아들여야 한다. 부부라 해도 배우자의 관점까지 관여해서는 안 된다. 드라마의 악역이나 심술궂은 이웃이 주는 효과가 있다. 부부간에 공동의 적이 생기니 친밀해지고 단합할 수 있는 계기가 되는 것이다. 드라마를 보면서 가볍게 토론하는 것도 좋다. 생각이 일치하는 부분이 늘어가는 것이 기쁠 수밖에 없다. 쓸데없는 이야기부터 시작해 공동의 적을 만들어가는 것이 행복한 대화를 위한 물꼬 트기가 되는 셈이다.

부부간의 대화가 어긋나고 다툼으로 번지는 경우는 상대에 대한 부정적인 감정이 근저에 깔려 있기 때문이다. 대개 가르치려 하거나, 비난하거나, 무시하는 대화습관을 가지고 있는 경우에 많이 발생한다. 그런 경우엔 첫마디부터 세게 나간다. 대화가 질책, 비방, 강요의 느낌으로 시작된다. 상대는 당연히 기분이 나쁘다. 부정적인 감정을 가지고 있으니 고운 말이 나갈 수 없다. 그러면 또 말꼬리 잡기가 되풀이 된다. 그리고 상대의 말을 도중에 자르는 만행을 저지르게 된다.

따라서 말하는 습관을 '지시형'에서 '의뢰형'으로 바꿔야 된다. 아예 마음가짐까지 그렇게 바꾸면 더 좋다. 체질 자체를 바꾸란 이야기다. 사람은 다 똑같다. 지시를 받으면 속에서 저항감이 생긴다. 그런데 우리 민족은 예로부터 가족끼리 부탁하는 대화습관을 가지고 있지 않다. 이게 문제다. "~~해!"에서 "~~해줄래?"라는 쪽으로 대화습관만 바꾸어도 가족관계에 엄청난 변화가 시작된다.

부부 간의 대화는 기본적으로 남녀 간의 대화이고, 서로의 말하는 방법에 차이가 있다는 사실을 이해하고 시작해야 한다. 앞서서 경청의 중요성을 살펴본 적이 있다. 상대가 말하면 잘 듣고, 판단하지 말고, 인정해주라고 했다. 그래야 공감이 생기고, 대화가 물 흐르듯 원활하게 흘러가기 때문이다.

사례를 들면서 구체적인 방법론을 살펴보자.

여자 나 머리 모양 좀 바꿀까?

남자 나 이발 좀 할까?

머리 모양에 대한 남성과 여성의 진술이다. 먼저 여성의 질문을 분석해보자. 결코 실제로 자신의 머리 모양을 바꾸겠다는 의도가 아니다. 현재의 머리 모양이 잘 어울린다는 이야기를 듣고 싶을 뿐이다. 이러한 여성의 마음을 헤아리지 못하기 때문에 남성들의 불행이 시작되는지도 모르겠다.

반면 남성의 경우엔 진짜 이발을 할 생각인 것이다. 자신의 머리 모양에 대해 동의를 얻기 위해 질문을 던지는 사례는 거의 없다.

다음 사례를 살펴보자.

여자 오빠, 뭐해?

남자 지금 뭐해?

여성이 전화로 위와 같은 질문을 던졌다면 "왜 만나자는 연락이 없는 거야?"라는 의미다. 반면 남성이 여성에게 뭐하냐고 말했을 때는 정말 뭐하는지 궁금해서 물어본 것이다. 만나자는 이야기가 결코 아니다. 이제 남성과 여성의 차이가 조금씩 느껴지시는가?

자, 다음은 좀 위태로운 대화를 소개하겠다.

아내 설거지 좀 해줘!

남편 설거지 해줄까?

남성과 여성은 설거지 하나를 두고도 근본부터 생각이 다르다. 아내가 설거지를 해달라는 말은 그릇을 씻고, 싱크대와 가스레인지를 닦고, 음식물 쓰레기를 치운 다음, 행주까지 빨아달라는 의미다. 그런데 남편이 설거지를 해주겠다는 것은 그 중에서 그릇만 씻어주겠다는 의미다. 딱 거기까지만 해주겠다는 뜻이다.

내용을 좀 요약해보면 여성은 간접화법을 쓰는 경향이 있다. 구체적으로 말하지 않고, 감성적이면서도 감상적인 판단을 요구한다. 남성은 직접적이면서도 공격적인 성향을 띤 직접화법을 주로 사용한다. 구체적이면서도 명확하게 짚으며 말하는 것이다.

여자는 기본적으로 말하는 것을 즐긴다. 하지만 남자는 말보다는 생각하는 것을 즐긴다. 여성의 대화는 말하는 것 자체를 즐기는 것이고, 남자의 대화는 문제를 해결하겠다고 덤비는 것이다. 여성은 자기 말에 귀 기울여

주고, 어떤 판단을 해야 될 때는 무조건 자기편을 들어주기를 원한다. 그래야 대화가 순조롭게 진행된다. 이 중 무엇 하나 갖춰지지 않으면 한 발자국도 나갈 수 없다.

그런데 남성은 대화를 통해 꼭 시시비비를 가리려고 한다. 남편은 판사도 아니고, 솔로몬 왕도 아니면서 정의로운 판단에 목을 맨다. 그러니 남편이 아내의 편을 들겠는가. 엉뚱하게도 옆집 아줌마 편을 들거나, 멀리 있는 시어머니 편을 드는 것이다. 그래서 아내들은 서운하다. 이런 일들이 반복되고 누적되면 치유되지 않는 상처로 자리 잡는다.

어느 날, 아내가 홈쇼핑 방송에 전화를 걸었다. 오늘 오기로 한 물건이 오지 않아서 확인을 하는 상황이었다. 그 장면을 보고 있던 남편은 너그럽게도 주문한 물건이 좀 늦을 수도 있지 않겠냐고 말한다. 아내의 표정이 어두워진다. 남편은 왜 아내가 서운한 표정을 짓는지 알 수가 없다. 아내의 입장에서는 왜 남편이 자신이 아닌 홈쇼핑의 편을 드는지 도무지 이해할 수가 없다. 남편은 단지 정보를 제공한 것이라 생각하지만, 아내는 그것이 편드는 것이라고 해석한다.

아내의 경우도 마찬가지다. 남편과 이야기할 때는 소재 선택에 조금 신경을 써야 한다. 시댁 이야기, 친정 이야기, 돈 이야기 등 민감한 주제는 가능하면 피하는 것이 좋다. 여성은 그냥 이야기나 해보자는 것이고, 자기가 얼마나 힘든지 알아달라는 것인데 남성에게 그것은 자신이 해결해야 할 과제로 보인다. 그리고 해결하지 못하는 무능함에 대한 비난으로 들리기 때문에 그런 이야기가 나오면 짜증을 내면서 자리를 피하게 되는 것이다.

한 여성이 자신의 남편에게 이런 하소연을 한다.

"당신이 내 말을 잘 들어주었으면 좋겠어요. 해결해 달라는 것이 아니고 그저 들어주면 안 돼요? 당신한테 이야기 못하면 내가 누구한테 하겠어요?"

질문에는 상대를 기분 좋게 하는 질문이 있고, 기분 나쁘게 하는 질문이 있다. 그런데 우리가 흔히 사용하는 질문은 상대를 기분 나쁘게 하는 질문이다. 예를 들어 남편이 연락도 없이 늦게 들어왔다고 치자. 대부분의 아내들은 날카롭고 높은 목소리로 "왜 이렇게 매일 늦어요?"라고 말한다. "내가 언제 매일 늦었다고 소릴 지르고 난리야?"라는 반응을 불러오기 딱 좋다. 만약에 "연락 없어서 걱정했어요. 피곤하죠?"라고 말했다고 해보자. 같은 내용이지만 다른 느낌이다. 남편의 반응도 물론 다르게 나올 것이다.

부부 간에는 특히 원하는 것을 정확히 말해야 한다. '상대가 알아서 해주겠지'라고 생각하면 오산이다. 애매하게 말하지 말라. 특히 남자는 정확히 말해주어야 제대로 알아듣는다. 예를 들어보자. 남편이 회사 일에만 매달리고 가정에 소홀하자 아내는 진지하게 남편에게 대화를 시도했다. "당신

나이도 있는데 일에만 너무 매달리지 말아요."라고 말하자, 남편은 다음날 헬스클럽에 등록했다고 한다. 남자는 이 정도다. 구체적으로 "오늘부터 일찍 들어와"라고 얘기하지 않으면 결코 알아듣지 못하는 족속인 것이다. 절대 알아서 잘하지 않는다. 말 안 하면 내 마음을 절대 모른다. 아내는 이렇게 말했어야 했다. "일주일에 하루쯤은 나와 아이들을 위해 집에 일찍 들어오고, 주말은 가족과 함께 보냈으면 좋겠어요."

어느 날 아내가 이런 말을 했다고 해보자.

"사는 게 너무 허무해."

남편은 아내의 말을 이해하기 어렵다. 밥을 굶는 것도 아니고, 바람을 피우는 것도 아니고, 폭력을 쓰는 것도 아니고, 돈을 벌어 오지 않는 것도 아닌데 나더러 어쩌라는 말인가? 올바른 대화를 위해서라면 아내는 이렇게 말했어야 한다.

"당신이 가족을 위해 애쓰는 것 잘 알고 감사하게 생각해요. 그런데 난 한 달에 한 번이라도 당신과 외출해서 외식도 하고 영화도 보고 싶어요."

부부간의 대화에 물꼬를 트는 법을 다시 한 번 정리해보자. 시작은 쓸데없는 이야기부터 해야 한다. 쓸데없는 이야기를 자주 하되, 가르치려 하지 말고 잘 들어주자. 설교를 시작하면 상대는 도망치려고 한다. 설교의 끝은 대개가 싸움이다. 이제 지시하지 말고 진심으로 부탁하자. 쓸데없는데 정의감을 앞세울 필요는 없다. 홈쇼핑 관계자가 아니라 당신 아내의 편을 들어준다고 욕할 사람도 없다. 그리고 칭찬 좀 자주 하자. 대한민국 아내의 장점은 무엇일까? 남편에 대한 기대치가 그렇게 높지 않다. 남편의 따뜻한 말 한마디에 감동하고, 꽃 한 송이에 얼었던 마음이 사르르 녹아내릴 준비가 되어 있다. 러시아 속담에 여자는 귀로 사랑한다는 말이 있다. 잊지 말자. 시작은 쓸데없는 이야기부터다.

부부간의 대화에 물꼬를 트려면 쓸데없는 이야기를 자주 하되,

가르치려 하지 말고, 잘 들어주어야 한다. 지시할 게 아니라 부탁하고 의뢰하자.

특히 사소한 문제 하나라도 옆에 있는 당신 아내의 편을 들어주는 게 맞다. 칭찬 좀 자주 하자.

가끔은 쓸데없는 이야기가 가장 쓸모 있다.

성격 차이는 개뿔~

일 년 내내 잘 지내다가 찬바람 부는 겨울에 연인과 헤어져 홀로 쓸쓸히 크리스마스를 맞는 사람들이 있다. 성질과 자존심도 부릴 때 부려야 한다. 즉 헤어질 때 헤어지더라도 고비는 넘기고, 차분한 상태에서 이성적으로 헤어져야 한다는 것이다. 부부가 20년 이상 함께 살다가 이혼하는 경우를 황혼이혼이라고 한다. 2012년 통계자료를 보면 황혼이혼이 처음으로 신혼이혼을 앞질렀다고 한다. 참 걱정이다. 인생 전체로 볼 때도, 황혼이혼은 아름다운 마무리를 위해 바람직하지 못하다.

이혼하는 부부들에게 물어보면 열이면 열, 말이 통하지 않는다고 한다. 말이 안 통하니 마음이 안 통하고, 인생을 함께 마무리하고 싶은 생각이 들지 않는 것이다. 만약 당신이 이혼을 꿈꾼다면 이혼을 부르는 대화방식을 취하면 된다.

2013년 10월 서울시의 조사에 따르면, 부부 중 남편이 아내에게 만족하는 비율이 71.8%, 아내가 남편에게 만족하는 비율이 59.2%였다고 한다. 이 조사가 의미하는 것이 무엇이겠는가? 남편보다 아내의 불만이 더 심하다는 얘기다. 그러니까 남편의 경우 황혼이혼을 당할 공산이 더 크다.

주목할 부분은 이혼의 가장 큰 사유로 '성격 차이'를 든다는 것이다. 가족

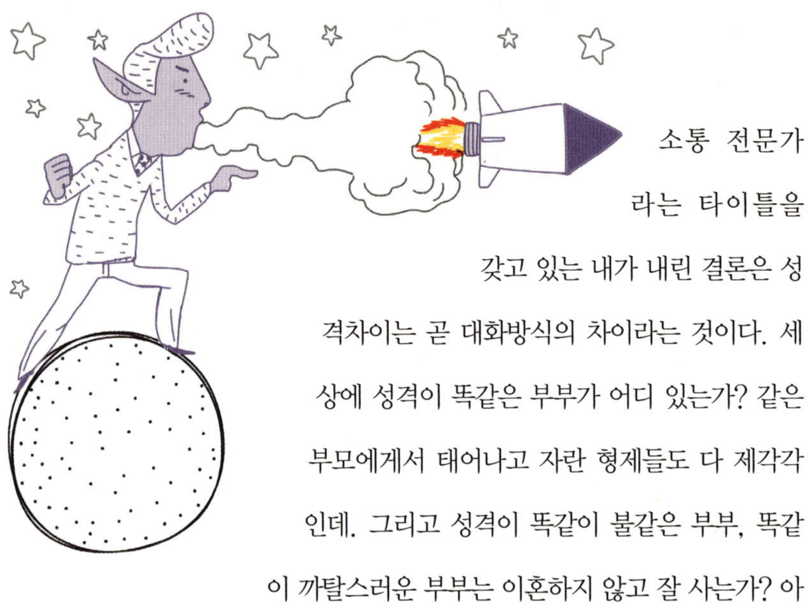

소통 전문가라는 타이틀을 갖고 있는 내가 내린 결론은 성격차이는 곧 대화방식의 차이라는 것이다. 세상에 성격이 똑같은 부부가 어디 있는가? 같은 부모에게서 태어나고 자란 형제들도 다 제각각인데. 그리고 성격이 똑같이 불같은 부부, 똑같이 까탈스러운 부부는 이혼하지 않고 잘 사는가? 아무리 성격과 취향이 비슷하다고 해도, 툭하면 상대를 비난하고 빈정거린다면 그걸 참고 살 사람은 없다. 따라서 부부가 함께 대화 공부를 하는 것이 부부 갈등을 줄이는 방법 중에서 가장 중요한 부분이다. 부부가 행복한 소통을 하게 해주는 대화방식이란 앞에서 열거한 이혼에 이르는 9가지 대화방식을 거꾸로 실천하는 것이다.

철학자 니체는 '부부생활은 긴 대화'라고 했다. 미국의 정치가 프랭클린은 자서전에서 이렇게 밝히고 있다. '대화의 주된 목적은 가르치는 것, 배우는 것, 즐기게 하는 것이니까, 사람을 불쾌하게 하거나 반발을 일으키는 대화는 본래의 목적을 상실한 것이다.' 아울러 강원용 목사는 '인간의 근본

은 공동 인

간 성 이 기

때문에 인간이

개인적으로나 사회적으로 대화를

상실할 때 비인간화 된다. 오늘날 우리 사

회의 가장 심각한 문제는 대화의 상실에 있

다.'고 설명한 바 있다.

우리는 부부간 대화의 복원을 위해 노력해

야 한다는 당위성에 직면한 셈이다. 그렇다면 가장

먼저 해야 할 일은 무엇인가? 어려울 것 같아 보이지만 의외로 간단하다.

대화가 단절된 요인을 알아보고, 그 요인을 바탕으로 솔루션을 실천하면

되는 것이다.

만약 부부 간 대화 단절의 요인이 물리적인 것이라면, 물리적인 보완장

치가 필요하다. 즉 서로 얼굴을 마주칠 시간이 없는 부부들은 의도적으로

접촉 시간을 늘리고, 둘만이 공유할 수 있는 활동을 해야 한다. 같이 운동

을 하거나, 같은 취미를 가지는 것이 가장 좋으나 너무 거창하게 시작하려

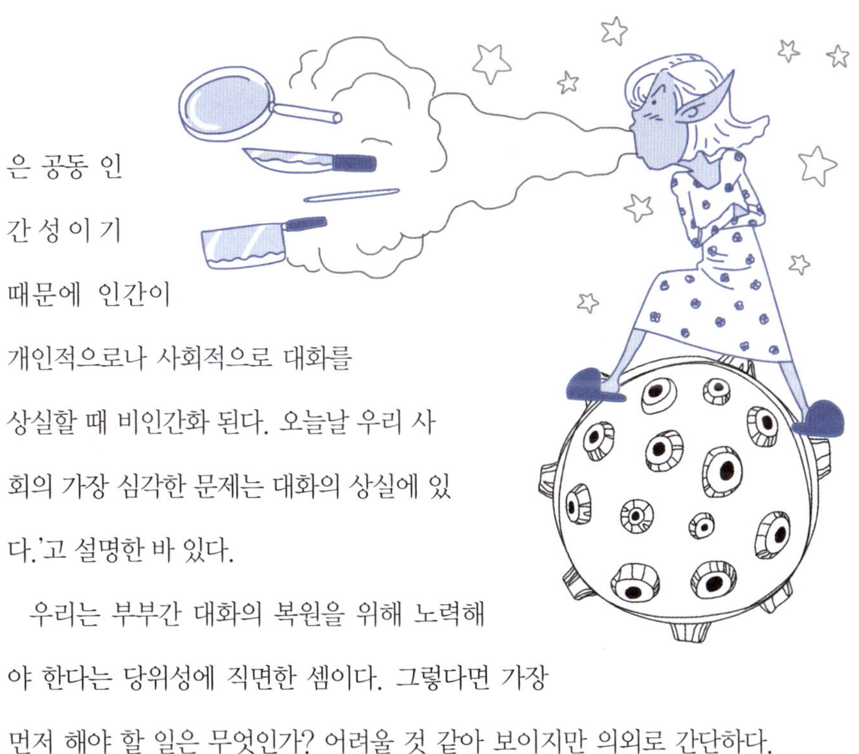

다 보면 오히려 아무것도 못하는 경우가 생긴다. 한 달에 한 번 영화 보기, 두 달에 한 번 등산하기 등 서로 부담 없이 할 수 있는 것을 선택하면 된다.

부부 간 대화를 늘리라고 하면 많은 사람들이 할 말이 없다고 한다. 할 말이 없다는 것은 공통의 관심사나 주제가 없다는 것이니 반성해야 할 문제이다. 부부의 공동 활동은 대화 주제를 확대하는 데도 큰 효과를 발휘한다.

부부가 대화를 하지 않게 된 이유가 보다 깊은 상처에서 시작된 것이라면, 먼저 그 상처를 치유하는 의식이 필요하다. 깊은 상처는 어느 날 갑자기 생긴 것이 아니라 작은 상처가 끝도 없이 반복되면서 만들어낸 것일 확률이 크다. 가슴에 엄청나게 큰 상처를 가진 사람에게 대화를 하자고 달려드는 상대방은 가증스러울 뿐이다.

둘이 술 한 잔 하면서 마음속의 응어리를 풀어내도록 해보자. 처음부터 그 응어리들이 술술 풀려나오지는 않는다. 그러나 이런 대화가 반복되다보면 자연스럽게 자신의 이야기를 하게 될 것이다. 혹은 마음을 담은 편지를 서로 교환하는 것도 도움이 된다. 상처는 자신만 받았다고 생각하지 말자. 정도의 차이는 있겠지만 우리 모두는 상처 받고 상처 주고 사는 존재들이니까. 자신의 상처만큼 상대방의 상처를 보듬어줄 줄 아는 것이 성숙한 태도이다.

빅토르 위고는 편지 쓰는 것을 무척 싫어했다고 한다. 1862년 대작《레미제라블》을 탈고한 뒤 머리를 식히기 위해 파리를 훌쩍 떠났다. 그는 자신의 소설이 잘 팔리는지 궁금해서 출판사에 편지를 써서 보냈다. 그런데 그가 쓴 편지에는 단 한 글자 '?'만 씌어 있었다. 이에 대해 출판사는 단 한 글자 '!'로만 답했다. 잘 팔린다는 의미였다. 문자가 발명된 이래 이보다 짧은 편지는 아직 없었을 것이다.

작가 빅토르 위고는 인생에는 3가지 싸움이 있다고 주장한다. 첫째는 자연과 인간과의 싸움이고, 둘째는 인간과 인간끼리의 싸움이며, 셋째는 자기와 자기와의 싸움이다. 이 세 가지 싸움을 가장 집약적으로 나타낸 작품이 바로 최근 뮤지컬 영화로도 반향을 일으킨 장편소설《레미제라블》이다.

사람들은 항상 싸움을 하며 산다. 토론이나 경쟁 프레젠테이션 모두 사실은 싸움의 일종이다. 부부 간에도 가족 간에도 싸움은 없을 수가 없다. 부부간 갈등의 근저에는 어김없이 대화의 단절과 대화방식의 폭력성이 자리하고 있다. 빅토르 위고의 지적처럼 인생에는 언제나 3가지 싸움이 기다리고 있다. 문제는 싸움의 대상인 아내나 남편을 어떻게 설정할 것인가이다. 아내나 남편을 시기와 질투의 대상으로 여길 것인가, 반드시 이겨야 할 존재로 여길 것인가, 아니면 아내나 남편을 나태한 나를 자극하는 에너지나 조력자로 볼 것인가이다. 어떻게 보느냐에 따라 대응방법은 자연스럽게 달라질 것이다. 배우자를 경쟁자나 타도해야 할 적으로 보아서는 안 된다. 나를 행복하게 해주고 발전시켜 줄 파트너나 조력자로 보아야 한다. 그러면 부부 행복은 200% 상승할 수 있다. 김대현식 행복 대화법에 지속적인 관심을 기울여야 할 이유다. 이 선택의 길에서 당신은 어떤 길을 선택하고 있는가?

칭찬은 짧게, 자주, 반복적으로!

　　장담하기에는 이르지만 나는 좋은 남편과 좋은 아빠가 되려고 노력하고 있다. 바로 노력하고 있다는 점이 중요하다. 그러나 처음부터 그랬던 것은 절대 아니다. 어떤 계기가 있었다. 어느 날 아내가 내게 말했다.

　　"당신이 아이들과 잘 지내려고 노력하는 모습이 보여서 좋아."

　　이 말이 나를 변하게 했다. 중요한 것은 아내가 인정해주었다는 것이다. 한 마디 칭찬이 남편의 마음을 뒤흔들어 놓은 것이다. 칭찬이 남편을 춤추게 한 것이다.

대한민국 남편들은 아내 칭찬에 약하다. 낯간지러워서 못하는 사람이 있고, 정말 어떻게 해야 하는지 모르는 사람도 있다. 지금부터 그 방법을 알려 주겠다. 강의를 하면서 아내의 장점 다섯 가지를 적어 보라고 과제를 주면 대한민국 남편들의 반응은 대개 비슷하다. 그 유형을 5가지로 나눠보겠다. 첫째, 화를 내고 짜증을 내는 유형이다. 둘째, 한두 가지 적고 배 째라고 노려보는 유형 되겠다. 셋째, 펜을 들고 교재를 노려보기만 하는 유형, 넷째는 옆 사람 것을 컨닝하는 유형, 다섯째는 근면, 성실 등 학교의 교훈을 적는 유형이다.

이 과정을 거치면서 대한민국 남편들이 조금만 변하면 아내 분들이 참 좋아할 것 같다는 생각이 들기도 한다. 자, 독자 여러분은 어떤 유형인가. 최근에는 의외로 상세히 적는 남편들이 늘고 있다.

그런데 대한민국 남편들은 어떤 미덕을 아내의 장점으로 꼽을지 궁금하지 않은가? 참으로 한심하게도 딱 5개로 요약된다. 내 아내는 착하다, 내 아내는 요리를 잘한다. 내 아내는 살림을 잘한다. 내 아내는 아이를 잘 키운다. 내 아내는 부모님에게 잘한다. 대한민국 아내들의 장점이 설마 이 다섯 가지밖에 없겠는가? 남편들이 아내에게 관심을 더 많이 기울여야 한다. 그런데 가끔 이상한 것들을 아내의 장점이라고 적는 남편들이 있다. 잔소리를 하지 않는다, 바가지를 긁지 않는다 등등. 이게 무슨 의미인지 알겠는가. 아내들이 남편을 포기했다는 것이다. '네 맘대로 하세요'란 얘기다. 그런데 남편은 이런 무언의 커뮤니케이션을 알아듣지 못한다. 그러니 나이 들어 황혼이혼을 당하면서도 왜 당하는지 모르는 것 아니겠는가. 정말 답답한 일이다.

칭찬은 듣고 싶은 말을 해주는 것이다. 그런데 우리 남편들은 아내들이 무얼 듣고 싶어 하는지 모른다. 위의 다섯 가지를 들어서 좋아할 아내는 그리 많지 않다. 위의 장점은 가사도우미의 장점이다. 대한민국의 많은 아내들이 말한다.

"거짓말이라도 좋으니, 남편에게 듣고 싶은 말이 있어요."

남편들이여. 대한민국 아내들이 듣고 싶은 칭찬은 크게 세 가지다. 첫째, 내 아내는 예쁘다. 둘째, 나는 아내를 사랑한다. 셋째, 내 아내는 능력이 있다. 자, 지금 아내가 옆에 있다면 당장 실천해보자. 옆에 없다면 문자로 보내자.

'사랑해. 당신을 만나서 정말 다행이야. 나랑 살아줘서 고마워. 당신 아니면 나 여기까지 못 왔을 거야. 당신하고 결혼한 것이 내 인생에 있어 가장 잘한 일이야. 당신이 있어서 힘이 나. 이젠 알겠어, 당신이 차려준 밥상이 최고야. 그동안 미안했어. 앞으로 더 노력할게.'

이런 칭찬의 특징은 아내의 존재감을 높여준다는 것이다. 특히 빈둥지증후군의 위험에 노출된 중년 주부들에게 아주 효과적이다. 꼭 영화배우처럼 감정 잡고 능숙하게 말할 필요는 없다. 어색하지만 노력하는 남편의 모습이 아내에게 큰 기쁨을 주고, 모성을 자극하여, 좋은 여성호르몬의 분비를 촉진시킬 수 있다. 기억하시라, 칭찬의 원칙은 3가지다. 짧게, 자주, 반복적으로!

그러나 주의할 것은 이런 칭찬을 하여도 아내가 싫어하거나 반응이 없는 경우가 있다. 말만 번지르르한 경우와 행동이 따르지 않는 경우다. 이런 전례가 많은 남편에게는 오히려 독이 될 수도 있다. 칭찬도 신뢰가 바탕이 되어야 효과가 있는 것이다.

아내에게 칭찬을 했다면 다음엔 아이들 차례다. 칭찬은 잘하면 약이지만, 잘못하면 독이 되기도 한다는 점을 유념하자. 만약 아이가 소심하고 적극성이 떨어진다면, 칭찬의 방법을 조금 달리하면 된다.

"문제 잘 풀었네. 역시 넌 머리가 좋아."

이런 칭찬은 사실 큰 효과가 없다.

"어려운 문제인데 끈기 있게 매달리더니 결국은 풀었구나."

같은 문제를 풀었을 때 어떻게 칭찬을 하느냐에 따라 아이들의 행동이 변하게 된다. 머리가 좋다고 칭찬 받은 아이는 머리 좋은 것을 증명해야 하기 때문에 어려운 문제에 잘 도전하지 않는다. 잘못하면 틀릴 수 있기 때문이다. 하지만 끈기 있다고 칭찬 받은 아이는 자신의 끈기를 증명해야 하기에 어려운 문제에 도전하고 쉽게 포기하지 경향을 보인다.

따라서 도전정신과 끈기는 물론 개인의 특성이기도 하지만 부모의 영향도 무시할 수 없다. 부모는 항상 배우는 자세여야 한다. 아이를 키우는 하드웨어, 즉 교육환경, 가정환경, 경제력 등은 부모가 갑자기 변화시킬 수 없다. 그러나 소프트웨어, 즉 칭찬, 대화법, 소통 등은 부모의 노력 여하에 따라 변화시킬 수 있다. 결국은 소프트웨어에서 승부가 나는 것이다.

아이를 키우는 부모들이 답답해하는 것은 비슷비슷하다. 아이들이 끈기가 없거나, 주위가 산만하고, 참을성이 부족하고, 게임에만 열중한다는 것이다. 부모들도 어릴 적에 이런 소리를 들었던 과거가 있다는 사실을 기억하자.

아이가 특정한 행동을 했을 때 칭찬해주는 것이 중요하다.

"우리 지수 끈기 있네. 대단하다."

"지수는 친구가 참 많구나. 인기가 좋나봐."

"우리 지수, 책 읽고 있는 모습도 예쁘네."

칭찬은 자주 하되, 짧게 치고 빠져야 한다. 딱 여기까지가 좋다.

여기를 넘어서면 과유불급으로 칭찬이 잔소리로 변하게 된다. 특히 사춘기 자녀에겐 칭찬도 조심해서 해야 한다. 칭찬한다고 했는데, 짜증으로 받아들이는 시기이기 때문이다. 주로 고맙다고 하는 것이 사춘기 칭찬의 포인트다.

"같이 밥 먹으러 나와 줘서 고마워."

"솔직히 말해주니 기쁘다."

"미리 문자 해주니 좋더라. 다음에도 부탁해."

이렇게 고맙다고 하는 칭찬은 아이들의 자존감을 매우 높여주는 효과가 있다. 그리고 자녀의 협조하는 마인드를 높여, 장차 단체 생활에 적응을 쉽게 해준다. 그리고 다른 사람들에게 자녀의 칭찬을 하는 것도 좋은 방법이다. 이른바 쓰리쿠션이다.

오랜만에 만난 친척이나 이웃집 어른에게 이런 말을 들었다고 생각해보자.

"요즘 영수가 열심히 한다고 아버지가 정말 좋아하시더라."

이렇게 우연하게 제3자에게서 들은 칭찬이 사춘기 아이를 변화시키는 경우가 많다. 가끔 칭찬할 게 없다고 말하는 부모님들이 있다. 답답하다. 잘 생각해보고 생각을 바꿔보자. 왜 칭찬할 것이 없는가? 꼭 성적이 좋고, 부모 말 잘 듣는 아이들만 칭찬 받아야 하는가? 싸이가 아버지 말 잘 듣고 경영학을 전공했으면 지금의 가수 싸이는 없었을 것이다. 생각을 바꾸면 건강한 것도 장점이다. 말을 안 듣는 것도 자기 주관이 뚜렷한 것이다. 매일 맞고 다니는 순한 아이는 평화주의자다. 친구들 데리고 잘 노는 아이는 리더십이 뛰어난 아이다. 아무튼 자녀에게는 부모가 참 중요하다. 부모의 생각이 변하면 아이들이 더 행복해질 수 있다.

대한민국 남편들은 가족들이 자신을 슈퍼맨인 줄 안다고 불평한다. 돈도 벌어오고, 가족과 시간도 많이 보내고, 자기계발도 열심히 하라고 하니 죽을 지경이라는 것이다. 그런데 입장을 바꿔놓고 생각해보자. 남편들 역시 아내가 요리와 살림에 능한 가사도우미, 돈 관리를 잘하는 재테크 관리사, 아이들 교육을 잘 시키는 교육 전문가, 남편 내조를 잘하는 현모양처, 이 모두를 기대하고 있는 것은 아닌가.

남편들이여. 대한민국 아내들이 듣고 싶은 칭찬은 크게 세 가지다.

첫째 내 아내는 예쁘다. 둘째 나는 아내를 사랑한다. 셋째 내 아내는 능력이 있다.

자, 지금 아내가 옆에 있다면 당장 실천해보자. 옆에 없다면 문자로라도 보내자.

05

아빠는 왜 있는지 모르겠다

한편의 시를 소개한다. 초등학교 2학년 학생이 쓴 시인데, 우리 사회의 문제를 정확히 집어내고 있다. 거의 천재적인 수준이다.

〈아빠는 왜?〉

엄마가 있어 좋다. 나를 예뻐해 주니까

냉장고가 있어 좋다. 나에게 먹을 것을 주니까

강아지가 있어 좋다. 나랑 놀아주니까

이 아이가 이런 시를 쓰게 된 원인이 무엇이겠느냐고 많은 아빠들에게 물었다. 대부분 아빠들은 자신들의 탓이라고 했다. 아이들과 시간을 많이 보내지 못한 자신을 자책하는 분들이 많았다. 일부는 사회구조 탓이라 했다.

그러나 다른 관점에서 살펴보자. 아빠가 아이들과 시간을 보내지 못해서 아이가 이런 시를 쓴 것이라면, 조국의 광복을 위해 말을 타고 광야를 달리던 독립군의 자제분들은 평생 아버지를 원망하면서 살았을까? 독립군의 자식들이 아버지를 만난 적이 없으나 아버지를 존경하고 살았다면 누구 때문일까?

자, 범인 색출에 들어가자. 초등학생이 위에 언급한 천재적인 은유시를 쓰게 된 배경은 바로 엄마다. 그렇다면 위의 시를 쓴 초등학생의 엄마 아빠는 사이가 좋을까? 그럴 리가 없다.

구체적으로 아이가 이번 시를 쓰게 된 배경을 추론해보자. 엄마와 아빠는 사이가 좋지 않다. 아빠는 늘 바쁘고, 집에 늦게 들어온다. 엄마는 아빠에게 잔소리를 한다. 아빠는 그때마다 엄마에게 화를 낸다. 그런 일이 빈번하게 벌어진다.

어느 날, 아이는 이유 없이 엄마에게 잔소리와 꾸중을 듣는다. 엄마는 화가 나면 아이에게 화를 낸다. 특히, 엄마는 아빠와 싸운 다음에는 더 화를 낸다. 엄마는 아빠를 미워한다. 그래도 엄마는 나를 챙겨주지만, 아빠는 여전히 집에 늦게 들어온다. 또 엄마의 잔소리에 화를 낸다. 생각해 보면 우리 집에 아빠만 없으면 나는 엄마한테 혼날 일이 없다. 완벽한 추리가 아닌가.

그래서 부부는 사이가 좋아야 한다. 이 나라의 남편과 아빠들은 말한다. 달리는 말은 마구간을 돌아보지 않는다고. 이젠 옛날 얘기 좀 그만하시라. 아빠들은 아내에게 잘 보여야 조국의 광복을 위해 걱정 없이 거친 들판을 뛰어다닐 수 있다는 얘기다. 명심하시라, 아빠들이여! 아내의 마음을 사로잡아야 큰일도 할 수 있고, 조국의 광복도 가능한 것이다.

그러면 이제 아빠의 관점에서 살펴보자. 도대체 아빠들이 무엇을 그렇게 크게 잘못했는가? 내 아버지에게 배운 대로 했을 뿐이다. 식구들을 먹여 살리는 것이 아빠의 최대 책무라고 배웠다. 그것을 포기하지 않으려고 회사에서도 자존심 버리고 굽신거리며 일하고 있다. 가족과 대화하는 것이 중요하다는 것을 이제는 안다. 아이들과 노는 것이 중요하다는 것도 이제는 안다. 아내와 수평관계에서 소통해야 한다는 것도 안다. 그러나 배우지를 못했다. 그래서 조금씩 배우려고 하고 있다. 아빠도 변할 시간이 좀 더 필요하다. 비난보다는 위로와 격려가 아빠를 좀 더 변하게 할 수 있다. 시간이 필요하다. 위로와 격려가 필요하다.

그렇지 않은가. 아빠들도 넋두리를 할 필요가 있다. 아빠들도 위로받을 필요가 있는 것이다. 사는 게 힘든 건 마찬가지인데 아빠들은 아빠란 이유로 어디서 말도 못하고, 넋두리도 못하고 위로받기도 어렵다. 솔직히 아빠 노릇하기 정말 힘들다. 요즘은 좋은 남편, 좋은 아빠가 대세다. 그러나 우리의 어린 시절에는 훌륭한 남편과 아버지가 대세였다. 옛날의 훌륭한 남편이나 아버지는 식구들을 굶기지 않는 것만으로도 족했지만, 요즘의 좋은 남편이나 아빠는 여기에 몇 가지가 추가된다. 돈 많이 벌어오기, 자기계발하기, 가족과 대화하기, 아이들과 캠핑가기, 가사 일 거들기, 아이들 공부 시키기, 처갓집의 아들 노릇하기까지 셀 수가 없다.

불황에 저성장 시대다. 돈 벌기도 힘든 아빠들이 얼마나 많은가? 가족이 원하는 만큼 돈을 벌어 올 수 없는 능력 없는 아빠들의 마음은 어떻겠는가? 엄마만 사표를 내고 싶은가. 아빠라는 자리에 사표를 내고 싶다는 생각이 왜 없겠는가. 아빠라고 어디론가 훌쩍 떠나고 싶은 생각이 왜 들지 않겠는가. 그럼에도 불구하고 오늘도 가정으로 무사 귀환하기 위해 노력하는 책임감 넘치는 대한민국 아빠들에게 존경과 경의를 표하고 위로를 해주어야 하는 게 마땅하지 않은가.

그러나 오해하지 말라. 대접을 받고 싶다는 것이 아니라 아빠도 위로가 필요하다는 것뿐이다. 햇볕이 외투를 벗기듯, 위로가 아빠들을 서서히 변화시킨다. 대부분의 대한민국 아빠는 가정의 행복을 위해서 일하지만, 열심히 일만 해서는 안 되는 시대가 되었다. 과거 우리가 보고 배운 아버지의 모습만으로는 부족하다. 아빠들 역시 가족이 뭘 원하는지 알고 있다. 그런데 알면서도 쉽사리 변화하지 못하는 것이 남자의 특성이니 어쩌랴.

다시 강조하거니와 아빠에게도 칭찬과 격려, 위로가 필요하다. 그들도 상처받고 자란 가여운 영혼들이다. 멋진 아빠가 되기 위해 노력하고 있다. 아빠 자리에서 도망가지 않고 오늘도 집으로 퇴근하고 있다. 칭찬 좀 해주시라. 격려 좀 해주시라. 아내의 칭찬이 남편을 더 빨리 변화시킨다. 아시겠는가? 아시겠냐고?

이 나라의 남편과 아빠들은 말한다. 달리는 말은 마구간을 돌아보지 않는다고.

이젠 옛날 얘기 좀 그만하시라. 남편들은 아내에게 잘 보여야 조국의 광복을 위해

걱정 없이 거친 들판을 뛰어다닐 수 있다는 얘기다. 명심하시라, 남편들이여!

아내의 마음을 사로잡아야 큰일도 할 수 있고, 조국의 광복도 가능한 것이다.

06

부부싸움의 정석, 333원칙

고대 로마의 희극작가 테렌티우스는 수많은 명구를 남겼다. 그가 남긴 말 중에는 "나는 인간이다. 인간에 관한 일이라면 무엇이든 남의 일로는 여기지 않는다."도 있고, "현인에게는 한마디면 족하다."도 많이 회자된다. 그런데 내가 가장 좋아하는 명언은 "사랑하는 사람끼리의 싸움은 사랑의 갱신이다"라는 것이다. 갱신이란 무엇인가. 이미 있던 것을 고쳐 새롭게 한다는 뜻이다. 그러니까 사랑하는 사람끼리의 싸움은 사랑을 더 돈독하게 만든다는 의미도 있다. 때문에 부부싸움은 전략과 전술이 중요하다.

우리 속담에 '부부싸움은 칼로 물 베기'란 말이 있다. 칼로 물을 베듯 큰 의미가 없다는 얘기인 줄은 알겠는데, 조금 무섭다. 물을 베든 무를 베든 왜 칼 자체를 드냐 말이다. 제발 말로 하자. 요즘 뉴스를 장식하는 일련의 사건들을 보고 있자면 은유가 은유처럼 보이지 않는 것이다. 이런 부부 간 갈등은 일상생활에서도 문제지만 명절 시즌엔 더 문제가 된다. 부부에서 가족, 집안까지 문제가 확대되기 쉽기 때문이다.

왜 양가 부모님 용돈을 차별하냐, 왜 나만 일해야 하냐 등등 갈등이 증폭되고 다툴 확률이 높아진다. 또한 이런 다툼을 부모님들이 눈치 채게 되면, 그것이 또 형제와 동서들 간의 문제로 확대될 소지가 다분하다. 서로 상처를 내지 않고 속에 있는 말을 털어놓을 수 있다면 가끔 부부싸움도 유용하다. 그리고 치명적인 싸움이 아닌 갈등 해소의 싸움이 되려면 약간의 연습이 필요하다. 이럴 때 활용하기 좋은 것이 〈나 대화법〉이다. 부부가 대화를 하다 보면, 꼭 이런 말들을 하게 된다.

"무슨 말을 그렇게 해? 내가 그런 식으로 말하지 말라고 도대체 몇 번을 말했어?"

"내가 뭘 어쨌다고 그래? 그럼 그런 말 안 나오게 잘 하든지."

일단 이런 식으로 대화가 진행되면 싸움으로 발전할 가능성이 높다. 이럴 때 나를 앞세워서 말해보자.

"나는 이상하게 그런 말을 들으면 기분이 나빠지는 것 같아. 조금 조심해주었으면 좋겠어."

"나는 그런 뜻이 아니었는데 그런 의미로 들렸다면 미안해."

이런 식으로 대화가 이루어진다면 싸울 일이 없다. 이렇게 말하는데도 싸우자고 덤벼드는 사람이 있다면 병원에 가봐야 한다. 결론적으로 부부싸움을 막는 가장 좋은 대화법은 바로 〈나〉라는 주어로 시작하는 〈나 대화법〉이다.

"나, 당신 말 들으니 슬프다."

"나는 당신이 그럴 때마다 위축되는 것 같고 의욕이 떨어져."

"나는 당신의 그 말에 상처 많이 받아."

잘 음미해보시라. 배우자가 이런 식으로 이야기하면, 대부분 미안한 마음과 사과하고 싶은 마음이 들게 된다. 나라는 주어가 앞에 배치됨으로 해서 놀라운 효과를 발휘하는 것이다. 아주 기본적인 비폭력 대화법 중의 하나인데 사실 이런 대화법을 조금만 활용해도, 갈등이 많이 줄어든다. 기억하시라. 나로 시작하는 대화법은 아예 싸움을 초기에 줄이는 효과가 있다는 것을.

그렇다면 일단 부부싸움이 벌어졌다고 가정하자. 잘 싸우는 법을 찾아야 한다. 잘 싸운다는 것의 정의는 무엇인가? 말로 싸우다 금방 끝내고, 툭툭 털고 다시 일상으로 돌아가는 것이다. 그러기 위해서는 부부싸움의 333

원칙을 준수하여야 한다. 333원칙은 건드리지 말아야 할 3가지와 하지 말아야 할 3가지, 그리고 꼭 해야 할 3가지로 구성된다. 이 333원칙만 지키면 부부싸움이 두렵지 않다.

부부싸움에는 정답이 없다. 옳고 그른 것도 없다. 서로 이해하면 되는 것이다. 과거나 지금이나 부부가 싸우는 모습은 늘 비슷했다. 로마시대 사람들이 부부싸움 후에 신전을 찾았다는 이야기는 부부싸움의 본질을 잘 파악했기 때문이다. 칼로 물을 베는 것과 같이 싸움의 앙금이 남지 않게 해주는 나름의 완충장치였던 셈이다.

333원칙 마스터하기

1. 서로 건드리지 말아야 할 3가지
  • 배우자의 집안 이야기   • 과거 이야기   • 배우자의 단점

2. 하지 말아야 할 3가지
  • 폭력   • 욕   • 기물 파손

3. 꼭 해야 할 3가지
  • 멈추기   • 잘 들어주기   • 화해하고 끝내기

명절이 부부 갈등의 기폭제가 되어 명절 후 이혼율이 몇 배가 된다는 얘기가 있다. 갈등 사례가 너무 많아서 일일이 다 말할 수가 없다. 그래서 차를 타고 귀성하는 부부에게 도움이 되는 사례만 살펴보겠다. 명절 장보기,

부모님 선물 사기, 고향으로 출발하는 시기에서부터 의견이 맞지 않는다. 그런데 길은 막히고, 아이들은 싸우고, 허리는 아프다. 직장 다닌다고 늦게 오는 얄미운 동서에 야단만 치는 시어머니 생각을 하면 두통까지 생길 지경이다.

차 안에서 아내가 한 마디 툭 던진다.

"아니 왜 이렇게 막혀. 명절이 없었으면 좋겠어. 그리고 나만 며느리냐고? 다들 일찍 좀 오지, 매번 핑계 대고 늦게 오는 건 뭐야? 우리 올해는 차례 지내고 바로 올라오자고."

아내가 이런 말을 한다면 이런 불평에 숨어 있는 속마음을 살펴야 한다. 일일이 대꾸하면 큰 싸움이 난다. 물론 대꾸하지 않고 가만히 있어도 싸움이 난다. 이럴 때는 무조건 아내의 편을 들어주어야 한다. 사실 명절에 시댁 가면 며느리들이 피곤하고 일이 많은 것이 사실 아닌가? 이럴 경우의 모범 답안을 가르쳐주겠다.

"당신 마음 내가 알지. 시골 내려갈 때마다 늘 미안한 걸. 사실 나도 기분이 안 좋아. 늘 우리만 일찍 가고 당신만 부려먹는 것 같아서. 말 나온 김에 오늘 우리 좀 늦게 가자. 어디 바닷가에라도 들러서 점심 먹고 아이들이랑 사진 찍고 갈까? 여보, 차 돌려?"

그러면 대한민국 아내들이 뭐라고 말하겠는가?

"그래, 차 돌려. 우리 놀다 가자고."

이렇게 말할까? 아니다.

"수작 부리지 말고 그냥 가요."

대충 이렇게 나온다. 그러면 그냥 가면 된다. 아내가 원하는 것은 시댁에 늦게 가는 것이 아니라, 자기 마음을 이해해주는 것이다. 남편이 자기 마음을 잘 알아주니, 시댁에 가서 조금 서운한 일이 있어도 잘 참아줄 것이다. 대한민국 남편들이여, 항상 그래야 되지만 특히 명절 시즌엔 무조건 아내의 편이 되어야 한다. 그것이 살 길이요, 진리요, 생명이다.

기억하시라. 나로 시작하는 대화법은 아예 싸움을 초기에 줄이는 효과가 있다.

333원칙은 건드리지 말아야 할 3가지와 하지 말아야 할 3가지,

그리고 꼭 해야 할 3가지를 규정하고 있다. 이 333 원칙만 지키면 싸움의 고수가 될 수 있다.

07 칼로 물 베는, 사감바화법

《플루타르크 영웅전》에는 다음과 같은 문장이 나온다. 만물은 서로 끌고 미는 성질이 있는 까닭에 항상 그 사이에 마찰이 생기며, 이러한 마찰력은 가까운 것일수록 더욱 강하다. 인간관계도 마찬가지다. 가까운 사이일수록 싸울 공산이 커지는 셈이다. 여기서는 부부의 갈등 유형에 다른 솔루션을 제시하고자 한다. 아울러 부부싸움의 기술을 익혀 100% 승리할 수 있도록 해주겠다.

갈등이 있는 부부의 유형부터 살펴보자. 부부 갈등의 유형은 크게 4가지로 구분할 수 있다. 첫째는 불통형 부부, 둘째는 폭력형 부부, 셋째는 착각형 부부, 넷째는 빈껍데기형 부부다.

 한 사람이 화를 내면 나머지 사람이 회피하거나 둘 다 회피하는 유형이다. 이 유형의 부부는 말만 시작하면 서로에게 상처를 주는 부정적인 대화방식을 사용한다. 예를 들어보겠다.

아내 무슨 말이라도 좀 해.

남편 난 할 말 없어.

아내 왜 당신은 내 말을 귓등으로도 안 듣는 거야?

남편 왜 생사람을 잡고 그래? 당신이 늘 그런 식으로 말하니까 내가 말하기 싫은 거야.

아내 그런 식이라니? 내가 뭘 어떻게 말했다고?

남편 또 시작이다. 그만 하자.

이런 대화를 하는 부부는 대화가 끊어지게 되면 문제가 더 커지기 때문에 대화 외의 소통방법을 활용해야 한다. 간단한 쪽지나 문자로 상대에게 감사함을 전하거나 칭찬을 해주는 것은 의외로 효과가 좋다. 요즘은 이모티콘이 다양하기 때문에 이런 이모티콘을 활용해 감정을 듬뿍 담아낼 수 있다. 불통형 부부는 우선 연결고리를 만들어야 한다. 간단한 터치나 스킨십도 권할 만하다.

둘째 유형은 폭력형 부부다. 말 그대로 부부간에 폭력이 일반화되어 배우자와 가족을 황폐화시키는 악순환이 반복된다. 일단 폭력으로 만족할 만한 결과를 얻게 되면, 다음에 생기는 갈등에도 같은 방법을 써서 해결하려는 경향이 강해지기 때문에 반복되고 대물림되는 아주 나쁜 유형이다. 최근 빈번하게 발생하는 패륜 범죄의 큰 원인 중 하나이기도 하다. 폭력의 상대는 겉으로는 억눌려 있는 것처럼 보이나, 사실은 분노의 에너지가 쌓여 간다. 어느 순간 폭발하게 되면 상상도 할 수 없는 일이 벌어지는 것이다.

물리적인 폭력뿐 아니라 언어폭력이 가져다주는 폐해도 만만치 않다. 특히 언어폭력은 비하, 비교, 욕설 등을 통하여 자존감에 상처를 입히고, 내면에 분노의 에너지가 쌓이게 하고, 결국 우울증이나 가출, 힘의 역치 등으로 표출된다. 언어폭력에는 지시형 말투뿐만 아니라, 경청을 하지 않는 것도 포함시켜야 한다고 본다.

해결책은 간단하다. 폭력은 혼자 고칠 수 있는 것이 아니므로 외부 전문가의 도움을 받아야 한다. 방치하면 점점 더 나빠지기 때문에 양가부모와 형제자매의 협조를 얻는 등, 빨리 대응하는 것이 좋다. 자포자기해서 방치하면 이혼보다 더 심각한 결과를 초래할 수 있다.

셋째 유형은 착각형 부부다. 결혼 생활을 잘 유지하는 것이 결코 쉬운 일이 아닌데, 결혼하는 커플들은 대부분 막연하게 잘살 수 있을 것이라 생각한다. 이런 생각도 하나의 착각이다. 착각형 부부는 양가의 문제나 육아문제들을 함께 해결하려 하지 않고 상대방이 알아서 해주기를 바란다. 상대가 자신이 원하는 것을 해주지 않았을 때, 갈등이 심화된다.

나쁜 사례를 살펴보자.

아내 아이들하고 좀 놀아주면 어디가 덧나요?

남편 아니, 내가 밖에서 놀다 온 줄 알아?

아내 그럼 나는 놀고? 내가 하루 종일 얼마나 힘들게 일하는데.

남편 돈 버는 게 그렇게 쉬운 줄 알아?

아내 누구는 돈도 많이 벌고 집에서 애들하고 놀아주기도 잘하더라. 쥐꼬리만큼 벌면서 온갖 생색은…

남편 또 그 소리야? 관두자, 관둬!

이번엔 좋은 사례를 보자.

아내 당신 요즘 많이 피곤하지?

남편 응. 다 그렇지 뭐.

아내 당신한테 늘 고마워.

남편 별 소릴 다하네. 당연한 거지.

아내 여보, 그런데 아이들하고 1시간만 놀아주면 안 될까? 아이들도 아빠랑 놀고 싶어 하고, 나도 저녁 준비해야 되고. 괜찮겠어?

남편 그럼. 한 시간쯤이야 괜찮지.

그렇다. 부탁은 구체적일수록 좋다. 부부간에 비즈니스 하듯이 내가 한 만큼 돌려받으려고 하면 인생이 복잡해진다. 상대를 원망하는 말보다 '당신 힘들지, 고마워, 부탁해' 등의 말을 자주 사용하며 서로 보듬고 이해해야 한다. '미안해, 고마워'보다 '당신 걱정하도록 늦게까지 연락 못해서 미안해, 오랜만에 친구 만날 수 있도록 아이들 잘 봐줘서 정말 고마워'처럼 더 구체적일수록 효과가 좋다. 그리고 대화 중 토를 달면 안 된다. 내가 잘못한 경우엔 용서의 권한이 상대에게 있다는 것을 기억해야 한다.

마지막으로 넷째, 빈껍데기형 부부 유형에 대해 알아보겠다. 남편이 착한 아들 증후군을 보이거나, 아내가 헬리콥터맘인 경우이다. 남편은 결혼 후에도 부모와의 관계를 유지하려 하고, 아내에게 시부모에 대한 효도와 희생을 강요하는 것이 갈등의 원인이다. 반면 남편과의 관계가 좋지 않은 아내는 자녀들에게 지나치게 애정을 쏟게 된다. 결혼이 부부 중심이 아니라 양가 부모와 자녀 중심으로 돌아가는 것이다. 부부는 빈껍데기에 불과하다.

이 유형에서 빈번하게 발생하는 사례를 살펴보자.

남편 여보, 이번 주말엔 부모님 뵈러 가야 해.

아내 미리 좀 말하지. 갑자기 그러면 어떡해요.

남편 뭘 미리 말해? 당연히 가는 거지.

아내 주말에 모처럼 약속이 있는데.

남편 지금 당신 약속이 중요해? 그래서 안 가겠다는 거야?

아내는 아내대로 사정이 있기 마련인데 이러한 일방적인 주장은 반발을 부를 수밖에 없다. 아내보다 부모님이 훨씬 더 중요하다는 느낌을 주기 때문이다. 다른 사례를 하나 더 보자.

아내 영준이 학원 끝날 때 됐으니, 좀 데려와요.

남편 꼭 데려와야 해? 나 많이 피곤한데.

아내 아니, 아빠라는 사람이 그 정도도 못해요? 당신이 해준 게 뭐 있다고?

남편 무슨 소리야? 오늘 하루만 차 타고 오라는 거잖아.

아내 싫으면 관둬요. 내가 가면 되지.

아내에게 남편은 돈 버는 기계이고, 아이들의 성적은 최고의 가치다. 이렇게 부부 사이가 멀어지면, 사소한 일로 틈이 확 벌어질 확률이 높다. 그러면 어떻게 해결하는 것이 좋을까.

부부가 결혼 후 원가족으로부터 분리가 잘 이루어지지 않으면, 가정이 제대로 굴러갈 수가 없다. 부부의 관계가 좋지 않으면, 자연스럽게 자신의 부모나 자식들에게 집착하게 된다. 이런 경우엔 부부관계의 회복이 시급하다. 부부가 등산, 스포츠, 취미활동 등을 같이 하면서 서로를 격려하고 응

원하는 과정에서 관계를 회복하려는 노력을 해야 한다. 자신의 부모와 배우자 사이에서 어느 정도 눈치를 보는 것이 필요하지만, 무게중심은 언제나 부부여야 한다.

행복은 지식에서 오는 것이 아니라 실천에서 온다고 생각한다. 우리 가족의 행복을 위해 내가 먼저 실천하겠다고 생각하면 반드시 변화가 시작된다. 마음이 변하면 행동이 변하고 대화가 변하는 것이다.

한창 연애 중인 연인들이라고 해도 갈등이 없을 수는 없다. 그런데 연인들은 다투다가 금방 풀어진다. 상대에 대한 관심과 사랑이 그만큼 크기 때문이다. 즉 사랑의 힘이 미움과 증오, 섭섭함, 자존심 등을 모두 이기는 것이다.

부부가 예전의 연인 시절로 돌아갈 수만 있다면 모든 다툼이 끝난다. 그렇다면 연인 사이엔 어떤 특징이 있는지 살펴보자. 연인은 상대에 대한 관심을 끝까지 놓지 않는다. 연인끼리는 좋은 것을 서로 양보하려고 한다. 결혼이라는 공동의 목표가 있고, 상대방이 잘되는 것이 내가 잘되는 것이라 생각하므로 연인끼리는 늘 고마움을 표시한다. 또한 싸움을 하지 않으려고 서로 최대한 자제한다.

이렇게 평생을 연애하듯이 사는, 이른바 연인 같은 부부의 특징은 무엇일까? 우선 배우자를 향한 사랑의 안테나를 계속 세워둔다. 서로를 적당히

구속하는 것은 나쁜 일이 아니다. 배우자의 장점을 당연한 것으로 생각하지 않고 칭찬하는 것도 중요하다. 만약 맞벌이를 하고 있다면, 배우자의 꿈과 목표를 지원하고 격려해준다. 연인 같은 부부 사이에는 당연한 일이 없다. 모든 일이 고맙다. 이런 관계를 유지하기 위해서는 사랑도 잘해야 되지만 싸움도 잘해야 되는 법이다. 싸움을 할 때는 결코 문제를 확대해서는 안 된다.

이제부터 부부끼리 잘 싸우는 방법에 대해 알려주겠다. 관계가 악화되는 나쁜 싸움이 아니라, 오히려 관계가 돈독해지는 착한 부부싸움이 우리의 목표다. 아무리 이혼율이 높다 해도 잘사는 부부가 이혼하는 부부보다는 많다. 이런 사실은 많은 부부들이 잘 싸우고, 잘 화해하며 지내고 있다는 반증이다.

잘 싸우는 부부의 10가지 특징과 우리 부부 진단 

① 부부싸움은 보통 10분 이내로 짧게 끝낸다.
② 부부싸움 후 우리만의 화해 의식이 있다.
③ 화해를 청하면 못 이기는 척 받아들인다.
④ 몸을 쓰지 않는다. 말로만 싸운다.
⑤ 나의 잘못을 인정한다.
⑥ 부부싸움을 해도 각방을 쓰지 않는다.
⑦ 주로 자녀들이 없을 때 싸운다.
⑧ 부부싸움 후 보복행위가 없다.

⑨ 부부싸움 후 시댁이나 친정에 고자질하지 않는다.
⑩ 부부싸움 후 아이들에게 화내지 않는다.

우리 부부는 위 특징 중 몇 개에 해당하는지 살펴보자.

- 9개 이상 : 부부싸움의 달인. 전문가 급이라 할 수 있다.
- 7개 이상 : 부부싸움의 고수. 무난하게 백년해로 할 수 있다.
- 5개 이상 : 평생 치고 박고 싸우면서 산다.
- 4개 이하 : 이혼의 가능성을 염두에 두어야 한다.
- 3개 이하 : 황혼이혼 임박. 전문가의 상담이 시급하다.

지금부터 김대현의 가족소통 노하우를 집대성한 부부싸움의 원칙 6가지를 제안하려고 한다. 의심은 접어두고 무조건 따라하기 바란다.

첫 번째 원칙은 링 안에서만 싸운다는 것이다.

링 밖으로 사람을 끄집어내고 링 밖의 집기를 던지는 것은 반칙이다. 여기서 말하는 링이란 지금 진행 중인 부부싸움의 주제를 말한다. 이 주제에서 벗어나 과거의 이야기를 끄집어내거나 부부의 문제가 아닌 시댁이나 처갓집 이야기로 확산하면 안 된다는 얘기다.

두 번째 원칙은 〈나 대화법〉이나 〈사감바 화법〉을 써야 한다는 것이다.

내가 하고 싶은 말은 〈나 대화법〉으로 전달한다. "당신이 문제야. 당신이 매일 늦게 들어오잖아." 이렇게 너를 주어로 하는 대화는 아주 나쁜 결과를 초래한다. "난 당신이 늦게 들어오면 걱정이 돼서 아무 일도 할 수가 없어. 그래서 힘들어.’ 이렇게 말하는데 화내는 남편은 없을 것이다.

〈사감바 화법〉은 사실과 감정과 바람을 활용하는 화법이다. 예를 들어보자. “당신은 집에 오자마자 피곤하다고 바로 자버리잖아(사실). 하루 종일 아이들 돌보면서 당신만 기다렸는데 너무 섭섭했어(감정). 가끔은 아이들 동화책도 읽어주고, 나랑 맥주도 한잔 하고 그랬으면 좋겠어(바램).” 어떤가? 손발이 오그라든다고? 그러나 이런 간지러운 말들이 부부관계의 윤활유라는 사실을 잊으면 안 된다. 한마디 말도 안 하면서 내 마음을 그렇게 몰라 주냐고 불평하지 말자. 간지러운 말을 할 줄 아는 아내가 현명한 아내이고, 이런 대사에 넘어가주는 남편이 훌륭한 남편이다.

세 번째 원칙은 폭력적인 단어는 쓰지 않는다는 것이다.

폭력적인 단어는 욕만을 의미하지 않는다. ‘언제나, 맨날, 절대로, 한 번도, 쥐꼬리, 주제에, 그만둬……’ 등이 상대방의 감정에 불을 지르고 국지전을 세계대전으로 확산시키는 폭력적 단어다. ‘맨날 그랬잖아’라고 말하면 ‘내가 언제 맨날 그랬어?’라고 부정적인 반응이 나오는 건 당연한 결과다. 주제는 간데없고, 말꼬리 잡기가 시작되는 것이다. ‘언제나, 절대로’ 같은 말을 ‘가끔, 가능한’ 같은 단어로만 바꿔도 분위기가 한층 누그러지는 효과를 볼 수 있다.

네 번째 원칙은 싸움 후 밖에 나간다면 행선지를 알리는 것이다.

화가 나서, 혹은 자리를 피하려고 집밖으로 나갈 때는 반드시 행선지를 알려야 한다. 만약 알리지 못했다면 그 즉시 배우자에게 메시지를 보내야 한다. '30분만 있다가 들어갈게, 이발 좀 하려고 나왔어.' 이렇게 메시지를 보낸다는 것은 소극적인 화해의 표시다. 그런데 아무 말 없이 문 쾅 닫고 나간 남편을 기다리는 아내의 심정을 생각해보자. 별별 상상의 나래를 펴다가 극단으로 치닫는 일도 생긴다. 행선지를 알리면 들어올 때도 덜 민망하다는 장점이 있다.

싸움도 부부가 잘살아보자고 하는 행동이 아니겠는가. 그러니 길게 싸워서도 안 되겠지만, 혹 길게 싸운다 해도 밥을 먹은 후에 2라운드를 시작하겠다는 여유가 필요하다. 밥을 먹다 보면 흥분이 가라앉아 2라운드가 아예 필요 없어지는 경우가 다반사다.

부부싸움의 냉전 시간을 암묵적으로라도 정하는 것이 바람직하다. 싸움을 다음날까지 연장하지 않는 것이 좋다. 누가 먼저 화해하느냐에 그 잘난 자존심을 걸지 말고 내가 먼저 문자를 보내보자.

"일찍 들어와, 당신 좋아하는 갈치 구웠어."

"당신 힘들 텐데 오늘은 오랜만에 외식할까?"

이런 문자를 받으면 못 이기는 척 답장을 보내고 부부싸움을 끝내는 지혜를 발휘하면 된다. 싸움으로 해결되는 문제는 거의 없다. 그래도 싸워야 한다면 잘 싸우자. 부부가 잘 싸우면 자녀들도 보고 배운다. 대물림되는 것이다. 위에서 말한 6가지 원칙만 지키면 100% 부부싸움에서 이긴다. 남편도 이기고, 아내도 이기고! 이것이야말로 윈윈인 셈이다.

부부싸움의 원칙 6가지를 제안한다. 첫 번째 원칙은 링 안에서 싸운다.
두 번째 원칙은 〈나 대화법〉이나 〈사감바 화법〉을 쓴다. 세 번째 원칙은 폭력적인 단어는
쓰지 않는다. 네 번째 원칙은 반드시 행선지를 알린다. 다섯 번째 원칙은 밥 먹고 싸운다.
여섯 번째 원칙은 가급적 자기 전에 화해한다.

08 이혼은 부부 사이에 누워 있다

프랑스의 작가 샹포르는 이혼에 대해 다음과 같이 말했다. "이혼은 극히 자연스러운 것이다. 매일 저녁 그것은 부부 사이에 누워 있다." 이혼이 자연스럽다는 작가의 말에 공감하는가? 살아온 배경도 다르고 성격도 다르고 철학도 다른 두 남녀가 함께 사는 것이 기적이지, 이혼하는 것이 이상하지 않다는 얘기일 것이다.

이런 우스갯소리도 있다. '결혼은 가장 판단력이 흐릴 때 하는 것, 이혼은 가장 참을성이 없을 때 하는 것, 재혼은 가장 기억력이 떨어졌을 때 하는 것이다.' 이혼은 참을성이 없을 때 한다고 하니, 결혼생활이라는 것 자체가 인내를 기본으로 하고 있다고 볼 수 있다.

기분이 썩 좋지는 않지만 황혼이혼을 다시 점검해 보자. 황혼이혼을 남의 이야기로만 알고 살기에는 문제가 너무 심각해졌다. 〈2013 사법연감〉에 따르면 결혼한 지 20년 이상이 된 사람의 이혼 비율이 26.4%로 결혼한 지 4년 이하 신혼부부의 이혼 비율인 24.6%를 사상 처음으로 앞질렀다고 한다. 통탄할 일이다. 황혼이혼의 비율은 2008년 23.1%에서 2009년 22.8%로 잠시 줄었다가 그 후 매년 증가세를 보인다고 한다. 2010년에는 23.8%, 2011년엔 24.8%를 기록했으며, 2012년에는 이혼한 부부 4쌍 중 한 쌍은 결혼한 지 20년 이상이 된 부부였다는 것이다.

결혼해서 20년 이상을 살고 나서 이혼을 한다는 게 쉬운 결정은 아니었을 것이다. 물론 이혼이 나쁜 것만은 아니지만 이혼한 사람들의 얘기를 들어보면 이혼으로 잃는 것은 상상했던 것보다 훨씬 크다고 한다. 소중한 가정, 행복한 인생과 노후, 그리고 자녀의 행복에도 작지 않은 상처를 입히는 것이 사실이다. 그런데 앞으로도 황혼이혼의 증가 추세가 꺾일 것 같지 않아서 걱정이다.

최근 한 결혼정보업체가 전국의 50~60대 남녀 507명을 대상으로 설문조사한 결과에 의하면 10명 중 무려 7명이 '황혼이혼에 공감한다'고 대답했다고 한다. 부부 간에 사랑이 없으면 헤어져야 한다는 대답이 67%, 남은

이혼

인생은 나 자신을 위해 살고 싶다고 답한 사람이 47.5%라고 한다. 이런 자료와 통계는 물론 유럽의 사례를 종합해 보더라도 당분간 황혼이혼은 증가 추세를 보일 것으로 판단된다.

그렇다면 황혼이혼이 증가하는 원인은 무엇일까? 이혼은 살면서 겪을 수 있는 가장 힘든 경험 중 하나라고 할 수 있다. 이혼 그 자체는 부부 일방 또는 쌍방에 의해 결정되지만, 이혼의 파장은 그들의 자녀는 물론 그 부모에게까지 미친다. 자녀가 독립하기 전까지, 혹은 부모님이 돌아가시기 전까지는 부부 사이가 다소 좋지 않더라도 갈등을 표출하지 않은 채 참고 사는 경우도 있다.

그러나 자녀가 독립하고 부부만 남은 황혼기에 접어들면 가정의 안정성과 결혼생활의 질은 전적으로 부부 둘만의 관계에 의해 결정된다. 오히려 황혼기에 불만족스러운 부부관계와 결혼생활이 이혼으로 이어질 가능성이 더 커지는 것이다. 황혼이혼이 유독 우리나라에서만 문제 되는 것은 아니다. 미국이나 유럽에서도 황혼이혼은 증가하고 있는 추세이며 우리와 가까운 일본에서는 '나리타 이별'이란 말이 있을 정도이다.

나리타공항에서 막내 자식 부부의 신혼여행을 배웅한 뒤 부부가 바로 이혼한다고 해서 붙여진 신조어가 '나리타 이별'이다. 일본에 나리타 이별이란 말이 있다면 우리나라에는 '대입 이혼'과 '웨딩 이혼'이란 말이 있다. 대

입 이혼은 자녀의 대학 입학을 계기로 이혼을 하는 것이고, 웨딩 이혼은 자식의 결혼에 방해가 되지 않도록 이혼을 보류하다가 자녀가 결혼한 후 이혼하는 것을 말한다.

쓸쓸한 풍경이 아닐 수 없다. 우리는 왜 수십 년을 산 부부가 황혼이혼이라는 결정을 내리는지 그 원인을 찾아야 한다. 수명 연장과 핵가족화, 그리고 여성의 경제적 능력과 사회 참여 확대, 의식 수준 향상이라는 것이 표면적 이유이지만 그것만은 아닐 것이다.

좀 더 세밀하게 들여다보면 지금까지 수동적으로 참고 살았던 여성들에게 지속적으로 가해지는 인격적인 모독이 문제의 시작이라고 할 수 있다. 66세 할머니가 80세 남편에게 이혼소송을 청구했는데 그 이유가 남편이 지나치게 가부장적이고 자린고비여서라고 한다. 맞벌이 부부인데도 경제권을 독점하고 겨울철엔 개별 난방을 통제할 만큼 인색했다는 것이다. 남편은 딸이 추위에 떨다가 전기포트로 물을 데워 족욕을 하는 것을 목격하고는 "추우면 나가서 뛰라."고 혼내고, 아내에게는 '가스레인지를 30분 이상 켜지 말라.'며 사사건건 강압적으로 간섭했다. 거기다 '여자가 살림을 그렇게 헤프게 하면 어쩌자는 것이냐, 생긴 대로 살림을 한다.'는 모독과 비하 발언도 서슴지 않았다고 한다. 이혼소송에서 법원은 아내의 손을 들어주었고, 위자료와 재산 분할로 총 4억 5천만 원을 아내에게 지급하라고 판결했다. 인격적인 모욕도 황혼이혼의 중요한 원인인 셈이다.

이혼을 당한 남편은 16세기 르네상스 시대 이탈리아의 역사학자이자 정치이론가인 마키아벨리의《군주론》을 읽었어야 했다. 마키아벨리는 '개인적으로 모욕을 당한 민중은 반드시 보복한다.'고 강조했다.

물론 황혼이혼은 여러 가지 문제가 얽히고설킨 복합체이기 때문에 뭐라 딱 꼬집어 원인을 밝힐 수는 없다. 하지만 50~60대를 대상으로 '배우자를 바꿔버리고 싶을 때가 언제였냐'는 설문조사에서 남녀 모두 '나를 인격적으로 대하지 않을 때'를 1위로 꼽았다고 한다. 황혼이혼이 증가하고 있는 근저에는 자녀들의 의식변화도 자리 잡고 있다. 남부끄러운 일이라면서 부모의 이혼을 무조건 말리던 자녀들이 바뀌고 있는 것이다. 타인의 시선보다는 그동안 불행하게 산 부모의 모습을 안타까워하며 자녀들이 이혼을 오히려 권유하는 사례도 증가하고 있다는 점에 주목해야 한다.

황혼이혼을 당한 사람들의 노후는 어떻게 될까? 이 부분 또한 간과할 수 없는 문제다. 60세에 이혼을 한 사람을 예로 들어보자. 100세 시대라고 떠들지만 일단 수명을 85세 정도로 잡아보자. 25년 동안 생활비로 한 달에 100만 원만 쓴다고 해도 총 3억 원의 자금이 필요하다. 그런데 실제로는 더 오래 살 수도 있다. 직업을 가지면 문제가 해결되겠지만, 노인이 일할 수 있는 자리는 거의 없는 실정이다. 황혼이혼을 하면서 그때까지 모은 재산도 절반으로 나누기 때문에 노후대책에 대한 포트폴리오를 다시 짜야 한다. 황혼 이혼의 핵심은 재산분할인데 혼인 기간에 따라 분할 비율이 정해져 있다. 혼인기간이 5년 미만이면 공동 재산의 10~20%, 10년 이상이면 30~40%, 20년 이상이면 50%를 받을 수 있다. 이외에 국민연금도 혼인기간에 따라 차등 지급된다.

실제로 남편의 무관심과 외도로 결혼생활 25년 중 10여 년을 쇼윈도 부부로 지낸 아내가 남편에게 이혼을 청구한 사례가 있다. 법원은 결혼 파탄의 책임이 남편에게 있다고 판단하여 재산분할금 3억 5천만 원과 위자료 3천만 원을 지급하라는 판결을 내렸다. 남편은 아내가 별 다른 대응을 하지 않은 채 묵묵히 지내는 것을 보고, 자신의 행동을 이해하는 것으로 오해했다가 이혼 후 충격에 빠졌다고 한다.

혼자 사는 노인들의 경우는 질병에도 취약하다고 하니, 치료비까지 감안하면 황혼이혼을 한 후 즐거운 인생을 누릴 사람은 많지 않을 것으로 추정된다. 황혼이혼이 있으니 황혼 재혼도 있을 수 있다. 행복한 노후를 보내기 위한 하나의 대안이 될 수는 있으나, 첫 번째 결혼의 문제를 해결하지 않은 채 다시 시작하는 재혼은 새로운 불행의 씨앗이 될 수 있다. 상대방의 경제적 능력을 보고 하는 재혼은 자식들의 심한 반대에 부딪히기도 한다.

황혼이혼에 대한 심각성만 강조하고 왜 솔루션을 제시하지 않느냐고 반박할 수도 있겠다. 앞서 인용한 샹포르의 말을 살짝 바꿔보겠다.

"매일 저녁 황혼이혼이 부부 사이에 누워 있다고 하니 아무쪼록 배우자에게 잘하자, 제발."

황혼이혼은 결코 남의 이야기가 아니다. 〈2013 사법연감〉에 따르면
결혼 후 20년 이상 된 사람의 이혼 비율이 26.4%로 결혼한 지 4년 이하 신혼부부의
이혼 비율인 24.6%를 사상 처음으로 앞질렀다고 한다.
백년해로는 그야말로 책 속에 있는 말이 되어 가고 있는 것이다.

1. 부부 간 대화에 물꼬를 트려면 쓸데없는 이야기를 자주 하자. 가르치려 하지 말고, 잘 들어주자. 지시하지 말고 부탁하자.

2. 남녀의 대화법 차이를 인정하라. 남성은 상대방의 긴 이야기를 매우 싫어하고, 여성은 상대방의 침묵을 매우 싫어한다.

3. 남편은 스스로 뭔가를 알아서 하는 존재가 아니다. 남편에겐 한 번에 한 가지씩 명확하게 요청해라.

4. 아내는 감정적 지지를 원한다는 사실을 남편들은 명심해야 한다.

5. 사람의 성격 차이는 곧 대화방식의 차이다. 부부간 갈등의 근저에는 어김없이 대화의 단절과 대화방식의 폭력성이 자리하고 있다.

6. 남편들은 아내와 아이들의 마음을 사로잡아야 생존 가능하다. 아내에게 가사도우미의 장점만을 기대하는 남편에게 희망은 없다.

7. 대한민국 아내들이 듣고 싶은 칭찬은 딱 3가지다. 첫째, 내 아내는 예쁘다. 둘째, 나는 아내를 사랑한다. 셋째, 내 아내는 능력 있다. 자, 지금 아내가 옆에 있다면 당장 실천해보자. 옆에 없다면 문자로 보내보자.

8. 세상의 모든 자식들은 다 효자효녀다. 그러나 배우자의 협력 없이는 효자효녀가 되는 것이 불가능하다.

9. 칭찬은 고래도 춤추게 한다는 말처럼 아빠에게도 칭찬과 격려, 위로가 필요하다. 그들도 상처받고 자란 슬픈 영혼들이다.

10. 서로 상처를 내지 않고 속에 있는 말을 털어놓을 수 있다면 가끔 부부싸움도 유용하다. 이렇게 싸움을 갈등 해소의 장으로 만들려면 연습이 필요하다.

11. 나로 시작하는 〈나 대화법〉은 아예 싸움을 하지 않게 하는 효과가 있다.

12. 부부싸움 중에 절대 건드리지 말아야 하는 3가지는 〈상대 집안에 대한 이야기〉,

〈과거 이야기〉, 〈상대의 단점〉이다. 그리고 하지 말아야 할 것 3가지는 〈폭력〉, 〈욕〉, 〈기물 파손〉이다.

13. 부부싸움 중에 반드시 해야 하는 것 3가지는 〈멈추는 것〉, 〈잘 들어주는 것〉, 〈화해를 시도하고 끝내는 것〉이다.

14. 부부싸움의 원칙은 6가지다. 첫째, 링 안에서 싸운다. 둘째, 〈나 대화법〉이나 〈사감바 화법〉을 쓴다. 셋째, 폭력적인 단어는 쓰지 않는다. 넷째, 싸움을 피해서 외부로 나갈 때는 반드시 행선지를 알린다. 다섯째, 밥은 먹고 싸운다. 여섯째, 가급적 자기 전에 화해한다. 이 6가지를 지키면 100% 이긴다. 윈윈인 것이다.

15. 폭력은 혼자 고칠 수 있는 것이 아니니, 전문가의 도움을 받아야 한다.

16. 결혼 후, 원가족으로부터 분리가 제대로 이루어지지 못하면 가정이 힘들어진다. 부부의 관계가 좋지 않으면, 양가나 자식들에게 집착하게 된다.

17. 등산, 스포츠, 취미생활을 같이 하면서 부부 관계를 회복하려는 노력이 필요하다. 부부는 배우자와 자녀 사이에서 균형을 맞출 줄 알아야 더 행복하다.

18. 행복은 지식에서 오는 것이 아니라 실천에서 온다. 우리 가족이 행복해지는 실천을 내가 먼저 하자.

19. 연인 같은 부부 사이에는 당연한 일이 없다. 늘 고마움을 표시한다.

20. 부부 간에 잘 싸우는 법은 10가지다. ① 짧게 싸운다(10분 이내). ② 부부싸움 후 부부만의 화해 의식을 갖는다. ③ 화해를 청하면 바로 받아들인다. ④ 말로만 싸운다. ⑤ 잘못을 인정하면 잘 싸우는 것이다. ⑥ 부부싸움 후에 한 이불을 덮고 잔다. ⑦ 자녀들이 없는 경우에 싸운다. ⑧ 부부싸움 후 보복행위를 하지 않는다. ⑨ 부부싸움 후 시댁이나 친정에 고자질하지 않는다. ⑩ 부부싸움 후 아이들에게 화를 내지 않는다.

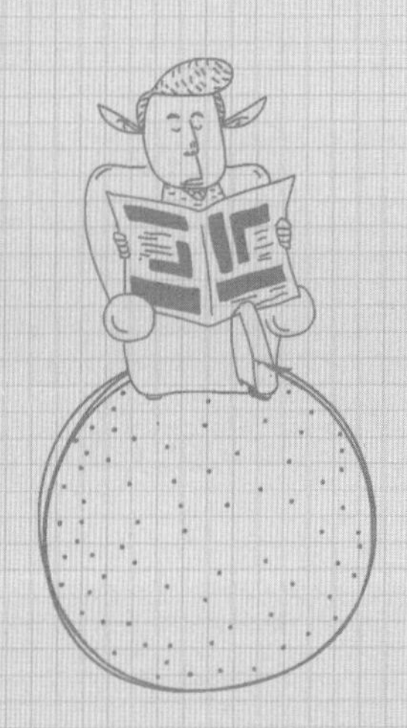

넌 어느 별에서 왔니?

암호 풀기보다 어려운 아이와의 소통

당신도 한때는 반항아였다

성인, 혹은 어른의 정의는 무엇인가? 참 답변하기 힘든 문제다. 자기 밥벌이 하는 사람이라고 해야 할지, 아니면 가족이라는 울타리를 건사하는 사람이라고 해야 할지……. 사전적 의미는 만 20세 이상의 남녀라지만 그것으로는 성인을 설명하기에 턱없이 부족하게 느껴진다. 게다가 똑같이 밥벌이를 하지만 60대는 40대가 아이로 보이고 40대는 30대가 아이처럼 보이는 경우가 대부분이니 말이다.

성인이란 말은 어느 정도 사회적 존중을 받을 만한 자격이 있는 사람이라는 느낌을 내포한다. 존중을 받으려면 단순히 자신의 밥벌이만 해서는 안 된다. 가족이라는 울타리를 지켜나가는 것만으로도 부족하다. 그 이상의 무언가가 요구되는데 나는 그것을 가족이란 가장 작은 단위의 사회를 훌륭히 지켜나가는 능력이라 본다. 그런 기준으로 본다면 우리는 거의 모두 나이만 먹은 어린아이다.

가족이란 작은 사회를 훌륭히 일궈 나가기 위해서는 무엇보다 소통이 가장 중요하다. 구성원 간 서로를 존중하는 마음에서 대화하고 소통한다면 그 가족은 어지간한 위기도 극복할 수 있는 힘이 생긴다. 반면 경제적으로 윤택하더라도 소통이 안 된다면 그들은 한 지붕 아래 사는 동거인일 뿐이다.

근데 이 소통이란 것이 말처럼 쉽지가 않다. 요즘 부모들은 자식들과 아무리 소통하려고 해도 잘 안 된다고 한다. 노력해도 잘 안 되니 얼마 못 가서 포기하고 결국 '무언가족(無言家族)'으로 살아가게 된다. 하지만 원인 없는 결과란 없다. 무언가족 안에는 반드시 풀지 못한 앙금이 있다.

내가 알고 지내던 한 부부 이야기를 해보겠다. 남편이 지방 발령이 나면서 그들은 예기치 않게 주말부부가 되었다. 당시 그 부부의 아이는 중학교 입학을 앞두고 있었다. 그러던 어느 날, 토요일 모처럼 가족이 한자리에 모여 식사를 하던 중 일이 터졌다. 아들이 아내에게 버릇없이 구는 것을 보고, 아버지가 아들을 한 대 때린 것이다. 그날 이후 아들은 아버지와 눈도 마주치지 않았고, 아버지와 하는 어떤 행위도 거부하기 시작했다. 외식을 하자, 영화를 보자고 해도 싫다고 했으며, 걸핏하면 집에 늦게 들어왔다. 주말에 아버지가 집에 오면 아침 일찍부터 집을 나가거나 방에서 나오지 않았다. 저때는 다 그런 거려니, 그러다 말겠지 하고 내버려 두었더니 어느새 세월이 흘러 아이는 고등학교 2학년이 되었다. 부자가 서로 대화를 안한 지 대략 5년이 흐른 것이다. 이래서는 안 되겠다 싶었던 아버지는 아이를 밖으로 불러서 대화를 시도했다.

맛있는 것도 사주고, 불만이 뭔지 말하라고 해도 아들은 그저 묵묵부답이었다. 아버지는 마음에 담아 두었던 말을 꺼냈다. 5년 동안 묵혀두었던 사과를 한 것이다. 아버지가 미안하다고 사과하자 말 없이 듣고 있던 아이가 닭똥 같은 눈물을 흘렸다. 이미 아버지만큼 덩치가 커진 아들이 어깨를 들썩이며 주먹으로 눈물을 훔치고 있었던 것이다. 그 일 이후 부자는 관계를 회복했다.

사과할 일이 있으면 될수록 빨리, 망설이지 말고 하는 것이 필요하다. 그렇지만 그게 쉽지 않다. 사과도 해본 사람, 혹은 많이 받아본 사람이 잘한다. 변명처럼 들릴지 모르지만 우리 기성세대가 아이였을 때, 그러니까 60~70년대의 아버지들은 사과와 상관없는 존재였다. 당시 어른들은 '사과'란 말을 입에 올리지도 않았다. 아이들은 잘못하면 혼나고 벌서고 반성문을 썼지만, 부모는 잘못한 것이 밝혀져도 어물쩍 웃음으로 넘어가거나 오히려 더 화를 내었다. 그런 환경에서 자란 사람들이 아무리 세월이 흘렀다 해도 자기 자식에게 순순히 사과하기란 쉬운 일이 아니다.

그러나 이제 세상이 변했다. 사과하는 것과 권위가 없어지는 것과는 다른 개념이라는 것을 명심해야 한다. 착각하지 말자. 이미 이전 시대에서 누리던 부모의 일방적 권위는 효력을 상실한 지 오래다. 우리가 살고 있는 시대엔 그 권위가 있던 자리에 이해와 협조가 자리 잡고 있다. 사과를 하려면 싸움을 할 때보다 더 큰 용기가 필요하다. 그런데 내가 세상에서 가장 사랑하는 아이들이 진정으로 행복해질 수 있다면 그깟 사과쯤 못하겠는가.

사과해야겠다는 마음이 드는 것도 중요하지만, 그런 생각이 들어도 실천으로 옮기는 것이 또 하나의 걸림돌이다. 가끔 사과하다가 더 크게 싸우는 사람들도 있다. 아주 흔한 시나리오 하나를 소개하겠다.

"내가 잘못했어."

남편이 말했다. 하지만 아내는 여전히 뾰족하다.

"뭘 잘못했는데?"

"오늘 늦게 들어온 거."

"이것 보라니까. 지금 자기가 뭘 잘못했는지도 모르잖아!"

아내의 짜증, 회한, 사무침이 아무리 깊어도 남편의 반성이 깊어지지 않는다. 입안에 침이 마르고, 혈압이 확 오르면서 다시 전투 모드로 전환된다. 사과하려던 마음은 온데간데없어지고, 다시 억지와 똥고집이 난무하게 된다. 그리고 이런 싸움의 결과는 심각하다. 다시는 사과하지 않겠다고 결심하게 되므로.

남편은 사과하는 행위 자체가 거대한 도전이다. 사회생활 하다 보면, 술 한잔 하고 늦을 수도 있는 법, 그래도 아내가 화났으니 억지로 사과를 하려고 한 건데 아내가 무얼 잘못했냐고 시시콜콜 캐물으니 난감하다가 화를 내는 것이다. 사과를 했는데도 문제가 해결되지 않고 오히려 심문을 받게 되니 억울한 것이다. 이 경우엔 남편과 아내 모두에게 문제가 있다.

사과는 무엇보다 방법론이 중요한데, 말보다는 문자나 편지 같은 것을 이용하는 것이 효과적이다. 손발이 조금 오그라들더라도, 아내에게 빨간 사과 한 알을 건네 보자. 아무리 심통난 아내도 슬그머니 웃음 짓지 않을까. 별로 사과하고 싶지 않은 얼굴로 그저 말뿐인 사과를 하는 것보다 여타 방법이 몇 배 낫다. 반대로 남편들은 아내의 "미안해, 내가 잘못했어."라는 한마디에 수긍하고 마음을 푸는 경우가 많다. 남자의 마음이 넓어서 그런 게 아니다. 남자는 원래 그렇게 단순한 동물이고, 여자는 그보다 훨씬 복잡 미묘 섬세한 동물이기 때문이다.

내가 아는 사람 중엔 귤 한 봉지로 부부의 관계가 회복된 사례도 있다.

이놈아!!
언제
철 들래!!
팍!!
꺄르르~
꺄르르~
쿵
쾅

그들은 무언부부로 산지 7년째였다. 각방을 쓴 지도 7년째, 남자는 회사에 가서 돈을 벌고 여자는 집에서 아이를 키웠다. 둘 사이에 교감은 전혀 없었다. 이제는 왜 싸웠는지도 잘 모를 정도로 시간이 흘렀다. 그렇게 지내던 어느 날 남편이 퇴근길에 전철역 앞에서 귤 한 봉지를 샀다. 그저 귤을 파는 노인의 모습에서 행상하시던 어머니가 떠올랐던 것뿐이다.

남자는 귤을 사고 나서도 걱정이었다. 집에 과일 같은 것을 사들고 가는 것은 처음이라, 뭐라고 해야 할지 떠오르지 않았던 것이다. 그래서 아무 말 없이 식탁에 귤 봉지를 올려두고 씻고 나왔더니, 아내와 아이들이 귤을 먹고 있었다.

"귤이 다네."

실로 오랜만에 아내가 말을 건넸다. 그냥 못 들은 척하고 방에 들어가서 자려는데 문득 연애시절이 떠올랐다. 추운 겨울날 헤어지기 아쉬워 골목 어귀에서 얘기를 나누며 귤을 까먹던 추억이 생각난 것이다. 며칠 후 남편은 붕어빵을 한 봉지 사들고 들어갔다. 역시 식탁에 올려놓았더니 아내와 아이가 맛있게 먹고 있었다. 자기도 끼고 싶었지만, 차마 그렇게 할 용기는 나지 않았다.

다음 날 아침, 출근 준비를 하는데 아내의 목소리가 들린다.

"밥 먹고 가."

몇 년 만에 차려 놓은 아침상을 뿌리칠 수 없어 식탁에 앉으니 아내가 그

맞은편에 앉는다. 밥을 먹으려는데 갑자기 눈물이 나온다. 그는 고개를 푹 숙이고 밥을 먹다가 마음속에 담아두었던 말 한마디를 꺼낸다.

"미안해."

그 한마디에 아내의 눈에서도 눈물이 흘러내렸다.

아마 성인이란 먼저 사과할 줄 아는 사람, 덧붙여 진실한 태도로 사과할 줄 아는 사람일 것이다. 표정과 행동만 진지해도 사과는 받아들여질 공산이 크다. 사과를 받아주어야 할 사람이 말을 많이 하게 되면 확률은 더욱 높아진다. 이럴 때 갖춰야 할 것이 경청이다. 상대가 받아주지 않는 사과는 사과가 아니기 때문이다. 상처는 상처를 준 사람의 사과로만 치유될 수 있다는 사실을 꼭 기억하자.

현대의 부모는 자녀에게 잘못한 것을 사과하는 마인드의 유연성이 필요하다.

사과하는 것과 권위가 없어지는 것과는 다른 개념이다. 착각하지 말자.

성인이란 먼저 사과할 줄 아는 사람. 덧붙여 진실한 태도로 사과할 줄 아는 사람이 아닐까?

02 미안하지만 부모가 문제다

　《플루타르크의 영웅들》에는 다음과 같은 문장이 나온다. '자살은 명예를 빛내기 위해 할 일이지, 해야 할 일을 회피하기 위한 수치스러운 수단이 되어서는 안 된다. 자기 혼자만을 위해 살거나 죽는 것은 수치스러운 일이다." 러시아의 소설가 도스토예프스키는 《악령》에서 다음과 같은 말을 남겼다. '다른 아무 이유 없이 자기 마음대로 할 수 있다는 것만으로 자살하는 것은 나쁜 일이다.'

　우리나라 청소년 사망 원인 1위는 자살이다. 2011년 국민건강보험공단이 집계한 자료에 의하면 2010년 우울증과 재발성 우울증으로 병원에서 치료받은 10대 청소년 수는 23,806명에 이른다. 그런데 이런 증상이 있어도 병원을 찾지 않는 실정을 감안하면 실제 이런 고통을 당하고 있는 청소년의 수는 10배 이상이 될 것으로 본다. 서울시 소아 · 청소년 광역정신보건센터가 2010년 서울시 중고생 30,786명을 대상으로 실시한 '우울증 학생 선별검사'에서도 17.2%인 5,295명이 평소 우울감을 느낀다고 답했다. 이 정도면 심각하다. 절대 소수가 아니다.

내가 부모님들께 꼭 하고 싶은 이야기가 있다. 바로 부모들이 아이들을 병들게 하고 있다는 것이다. 우리 부모 세대들은 너무나 힘들게 살아왔다. 그걸 탓할 수는 없다. 하지만 그런 경험을 토대로 자신의 아이들에게 인생은 어떤 목표를 향해 나아가는 경쟁 게임임을 지나치게 강조하는 것은 바람직하지 않다. 태어나서 말조차 제대로 못하는 아이에게 글을, 그것도 남의 나라 글을 가르치는 게 요즘 세태다. 요즘은 두 살배기, 세 살배기도 스트레스를 받고 산다. 그런 스트레스는 자라면서 더욱 크고 깊어지는데 청소년기의 아이들에게서 정점을 찍는 것이다.

일단 내가 아는 선에서 몇 가지 사례를 들어보겠다.

현재 중학교 3학년인 철수는 초등학교 6학년 때부터 특목고 준비반에 들어갔다. 그런데 언제부터인지 학원에서 시험을 보기 전날에는 어김없이 복통과 설사에 시달렸다. 철수는 시험 보는 꿈을 자주 꾸는데, 아는 문제가 없어 백지를 내는 악몽이 대부분이다. 또 얼굴을 씰룩이는 틱 증상도 생겼다. 이런 증상은 특목고 학원을 다닌 지 1년 만에 나타났다. 실제로 초중고 학생이 성적과 학업 스트레스로 상담실을 찾는 일이 증가하고 있다. 원형 탈모, 틱, 복통과 두통, 손바닥 다한증, 수면장애나 우울증 등 다양한 증상을 나타내고 있는 것이다.

고등학교 2학년인 영수는 좀 더 심하다. 밤에 혼자 공부를 하다보면 귀에서 '히히히' 하고 자신을 비웃는 소리가 들렸다. 어느 날은 소리가 들리고, 어느 날은 누가 방문을 열고 자신을 노려보는 모습도 보였다. 엄마에게 얘기를 해도 "정신을 집중하지 않으니 그런 게 보이지. 그러니까 성적이 떨어지는 거야."라고 핀잔만 주었다.

영수에게 이런 증상이 나타난 것은 지난 시험 성적이 큰 폭으로 떨어지면서부터였다. 아이는 이후 지속적으로 환청에 시달렸다. 끝내는 시험을 보다가 귀를 막고 소리를 지르는 바람에 병원까지 가야 했다. 영수는 환청과 환시 때문에 약물치료와 상담치료를 동시에 받았다. 상담실에서 영수는 자기가 경험한 환청과 환시는 어머니였던 것 같아 죄책감이 든다고 고백했다. 이 아이의 마음속에는 감시하고 평가하고 야단치고 비난하는 부모에 대한 엄청난 분노가 자리 잡고 있었다. 특히 엄마에게 분노를 느낄수록 죄책감도 커졌다. 영수는 엄마를 미워해서 이런 벌을 받는다고 생각했다. 답답한 노릇이다. 사실 상담을 받아야 할 사람은 영수가 아니다. 영수의 엄마다.

이는 비단 내 개인의 판단이 아니다. 상담을 하는 동료 전문가들이 제일 곤혹스러워하는 것이 바로 이 문제다. 원인은 부모인데, 부모는 상담 받지 않고 아이들만 상담실로 들여보낸다. 아이들은 상담치료를 받고 좋아지지만, 어쩐 일인지 금방 다시 망가진다. 원인 제공자인 부모가 그대로이기 때문이다.

여학생들에겐 임신이 가장 큰 문제다. 한 여학생은 엄마가 모든 일상을 감시했음에도 불구하고 임신을 했다. 학원에 보냈더니 학원 옥상에서 남학생과 일탈을 했던 것이다. 대학에 들어가면 그 남학생과 결혼할 것이라며, 둘이 헤어지지 않기 위해 열심히 공부하자고 약속까지 했다고 한다. 아이는 그 와중에도 상위권 성적을 유지했지만 이제는 더 이상 버틸 수 없는 무력감에 고통 받고 있었다. 결국 남자친구와 헤어지게 된 아이는 죽을 만큼 괴롭다고 했다.

그 여학생에게 어떻게 공부를 잘할 수 있었냐고 물었더니, 공부를 잘해야 엄마의 잔소리에서 벗어날 수 있었기 때문이라는 가슴 아픈 대답이 돌아왔다.

현재 아이들에게 공부란 묻지도 따지지도 않고 이유를 불문하고 그냥 해야 하는 의무가 되어 버렸다. 미래의 행복한 삶을 구체적으로 상상할 겨를도 없이 성적만이 행복한 삶을 담보하는 양 내몰리고 있는 것이다. 일방적인 것에 미래는 없다. 아이들에게 공부는 재미도 없고 의미도 없는 고통일 뿐이다. 그런 상황에서 일탈은 어쩌면 당연한 수순일지도 모른다. 연애하고, 술 마시고, 담배 피우고, PC방에 틀어박혀 게임을 하며 오늘을 견뎌낸다. 어쩌면 청소년들에게 일탈이란 공부와 경쟁이 난무하는 세상에서 살아남기 위한 수단일지도 모른다.

얼마 전 우리나라 최고 명문대에 입학한 학생을 대상으로 조사한 결과가 보도되었다. 예상대로 강남에 살거나 특목고 다니는 학생들도 있었지만, 자기주도 학습 능력이 우수한 학생이 많이 입학했다고 한다. 자기주도 학습 능력이란 스스로 동기부여를 해 학습을 이끌어가는 능력이다. 그리고 더 놀라운 것은 그 능력이 대학교 입학 후에 더 빛을 발한다는 것이다.

결론은 간단하다. 강요에는 미래가 없다. 부모가 할 일은 아이들 스스로 자신의 길을 찾을 수 있도록 지켜봐주고 도와주는 것이다. 거기다 아이들이 원할 때 대화의 상대로서 곁에 있어준다면 그 이상 좋을 것이 없다.

칸트는 자살에 대해 이렇게 말했다. "고통스러운 상황에서 빠져나가기 위해 목숨을 끊는다면, 나를 고통 완화 수단으로 이용하는 것이다. 인간은 단지 수단으로 이용되는 물건이 아니다. 자살이 잘못인 이유는 타살이 잘못인 이유와 똑같다.”

청소년 자살은 이제 심각한 사회 문제가 되었다. 구체적인 대안도 마련되어야 하겠지만, 문제를 아이가 아닌 부모에게서 찾는 인식의 변화가 우선되어야 할 것이다.

상담을 하고 있는 동료 전문가들이 제일 곤혹스러워하는 문제가 있다.

위의우 부모인데. 부모가 상담을 받지 않고 아이들과 상담실에 들이미는 것이다.

아이는 상담을 통해 좋아지지만, 어떤 원인 시 금방 다시 망가진다.

원인 제공자인 부모가 그대로이기 때문이다.

03

엄마는 또라이, 아빠는 꼴통

사춘기를 지나 성인으로 접어드는 시기에 형성되는 것이 가치관이다. 이 가치관을 형성하는 데 가장 지대한 영향을 미치는 존재는 역시 부모다. 아이는 부모의 거울이다. 부모의 세계관이 그대로 아이의 세계관이 되는 경우가 많다는 것을 우리는 잊지 말아야 한다. 안 좋은 것은 늘 그렇듯 생명력이 질기고 좋은 것보다 확산이 잘 된다. 만고불변의 진리다. 그렇다면 오늘 우리 사회에서 부모는 아이들에게 어떤 존재일까?

혹시 '부모 안티카페'를 아시는가? 논란이 되자 지금은 검색차단 혹은 비

공개로 전환이 되었는데 2012년 12월 전까지도 이 카페에는 아이들이 넘쳐났다. 그렇다고 현재 없어졌다고 판단하기도 이르다. 지하로 숨은 듯한데, 그 카페를 오래도록 지켜보고 있던 전문가가 내게 이런 말을 했다.

"게시판에 올라온 글을 읽다 보면, 아이들이 부모에게 느끼는 분노가 너무 적나라해서 섬뜩하기까지 하다."

초등학교 아이들이 공부만을 강요하는 엄마를 자기들끼리 칭하는 용어는 '미친X', 그리고 '개 같은 X', 뭐 도저히 입에 담기 어려울 정도로 험하고 적대적인 표현을 쓴다. 아버지를 칭하는 용어 또한 '찌질이', '꼴통'을 포함해 우리가 아는 욕이 대부분 등장한다.

나는 그 이야기를 믿을 수 없었고 믿기 싫었다. 그렇지만 엄연한 사실이고 피할 수 없는 현실이었다. 이 막막함을 일단 걷어내고 이런 현상이 왜 일어나는지 알아볼 필요가 있다. 왜? 아이들은 소중하니까.

왜 아이들은 부모에게 분노와 적대감을 쌓아가고 있을까? 아이들의 글을 분석해 보면 자신을 공부의 노예로 만들려는 부모에 대한 분노가 엄청나다. 부모 자신도 하지 못한 일을 자기에게 강요하는 데 대한 분노, 공부를 못한다고 무시당하는 데 대한 분노가 가장 많다. 현재 대부분의 부모가 아이들을 공부와 연결시켜 생각하고, 공부에 관련된 주제로만 대화를 하고 있다고 볼 수 있다. 아이들은 이런 부모를 두고 '천박하다'고 표현한다. 그리고 실상 그것은 천박하기 이를 데 없는 태도다.

중학교 2학년 남학생이 엄마와 상담을 받으러 왔다. 엄마가 미간을 잔뜩 찌푸린 채 말을 꺼냈다.

"이러다가 서울에 있는 대학에도 못 갈까 봐 걱정이에요."

듣고 있던 남학생이 버럭 짜증을 냈다.

"아, 진짜! 나 이제 중학교 2학년이라고요."

"남들은 중학교 들어가면 벌써 입시생이라고 한단 말이야!"

"엄마는 맨날 남, 남, 남! 남이 그렇게 중요해?"

"남이 중요하지 왜 안 중요해? 남들이 하는 만큼 해야 남들만큼 살 수 있는 거야!"

"난 그러고 싶지 않다고요!"

"네가 뭘 몰라서 그러는 거야. 엄만 다 너 잘되라고 하는 거야."

"내가 하고 싶은 거 하면서 피해 안 주고 살면 되지. 왜 남들이 하는 걸 그대로 해야 되는데?"

"네가 하고 싶은 거? 또 여행 가이드 말이니? 그게 제대로 된 직업이냐고. 어떻게 인생의 목표가 여행 가이드야? 너 가족여행 갔을 때 못 봤니? 사람들한테 무시당하고 돈도 별로 못 벌고. 진짜 할 게 없어서 하는 게 여행가이드라고."

"그게 뭐 어때서? 여행 가이드를 왜 무시해?"

"야! 너는 남들 뒤치다꺼리하는 일이 하고 싶어?"

"나는 사람들을 안내해주고 가르쳐주는 일이 좋다고요."

"기왕 가르치려면 교수를 하지. 그럼 돈도 많이 벌고 보람도 있잖아. 선생님 쟤 말하는 거 들으셨죠? 중학교 2학년이 여행 가이드가 꿈이라잖아요. 정말 창피해 죽겠어요."

"아, 진짜 엄마하고는 말이 안 통해."

이렇게 끝없는 설전이 매일 이어졌음이 분명했다. 그러다가 아빠가 소리를 지르면 전쟁이 끝나는 것이 이 집의 일상이라고 했다. 남학생은 그런 아빠와 엄마가 싫고 화가 난다고 했다. 부모의 말은 하나도 들을 게 없고, 듣고 싶지도 않다고 했다. 철수는 엄마를 '미친 또라이'라고 표현했으며, 소리만 치는 아빠를 '자뻑 꼴통'이라고 했다.

시험을 망치고 온 철수에게 아빠가 한 말이다.

"자~알 한다. 내가 너 공부 안 할 때 알아봤어. 너 공부한 거에 비하면 그 점수도 잘 나온 거야."

아이는 자신에게 비난을 퍼붓던 아빠의 표정을 잊을 수 없다고 말했다.

슬픈 사실은 이 학생이 여행 가이드를 꿈꾸게 된 계기가 가족여행의 추억 때문이었다는 것이다. 가족여행 때 만난 여행 가이드는 외국어가 유창했고, 이 학생의 질문에 친절히 대답해 주었다. 무엇보다 자신을 어린아이로 취급하지 않고 친구처럼 대해주어 좋았다고 했다. 한마디로 가족과는 되지 않았던 대화가 됐다는 말이다.

아이들에게 첫 번째 대화상대는 부모여야 한다는 것은 동서고금의 진리다. 부모와 편하게 대화하며 인격을 형성하고 올바른 가치관을 만들어가게 되는 것이다.

나는 학생에게 질문했다.

"부모님과 대화는 어떻게 하니?"

"대화랄 게 있나요. 아빠에겐 뭘 물어도 똑같아요. 지금 몰라도 된다거나, 짜증을 내거나 둘 중 하나죠. 엄마하고의 대화는 대화가 아니에요. 명령이죠. 공부해라! 공부했니? 언제 공부할 거니? 그거뿐이에요."

몇 번의 좌절을 통해 학생은 이제 더 이상 부모와의 대화를 시도하지 않게 되었다. 어떤 결론이 날지 이미 알고 있었기 때문이다. 부모님에게 닮고 싶은 것이 있는지 묻자 학생은 한마디로 잘랐다.

"없어요."

그 남학생은 말을 걸지도 않고, 대답도 하지 않는 아이가 되었다.

앞서 이야기했듯 나도 아이와의 단절을 겪었다. 그래도 뒤늦게나마 개과 천선해서 요즘은 아이들과 쓸데없는 이야기를 많이 한다. 쓸데없는 이야기는 가족이란 테두리 안에서 누릴 수 있는 가장 즐거운 소통방식이다. 부부 간에도 부모 자식 간에도 쓸데없는 이야기가 최고다. TV를 보며 연예인 이야기, 스포츠 이야기, 친구 이야기, 옆집 흉보기 등 닥치는 대로 말하고 듣고 생각을 공유하다 보니 우리 가족들은 이야기의 주제가 끊이지 않고, 이야기를 통해 즐거움을 얻을 수 있게 되었다.

여행 가이드가 되고 싶다는 아이가 있다면 무조건 안 된다고만 하지 말고, 왜 그런 생각을 했는지, 그리고 그 직업이 얼마나 사회에 유익한 직업인지 생각해보자. 아니 일단 아이들의 말을 끝까지 들어나 보자. 그리고 판단하지 말자. 도저히 말을 하고 싶어 참을 수 없다면 의견을 제시하도록 하자. 최대한 치장하는 것을 잊지 말자. '사'자 들어가는 직업이 최고라고 생각하는 자신의 추악함을 감추고 조금 더 훌륭한 인격을 갖춘 사람처럼 발언을 해보자. 그러면 어느새 정말 그런 사람이 되어 있을지도 모른다. 그리고 그런 자신을 보면서 아이들도 아름다운 꿈을 꿀 수 있을 것이다. 왜 그래야 하냐고? 아이들은 소중하니까. 그리고 나도 소중하니까.

이 학생이 여행 가이드를 꿈꾼 것은 가족과의 추억 때문이었다.

가족여행 때 만난 여행 가이드는 외국어가 유창했고, 학생의 진로에 적극히 대답해주었다.

무엇보다 자신을 어린아이로 취급하지 않고 친구처럼 대해주는 태도가 진심으로 좋았다고 한다.

한마디로 대하기 되었다는 이야기다.

04 편애는 가정폭력이다

어느 초등학생의 일기에서 발췌한 글이다.

〈미정이가 없다면〉

내가 사진을 보며 추억을 하고 있었는데, 미정이가 태어나지 않았을 때였다. 그때 얼마나 행복했는지…… . 미정이가 태어나자마자 난 사랑의 자리를 빼앗겼다. 질투가 났다. 다시 옛날로 가고 싶은 생각이 났다. "미래로 가면 아빠가 미래에서 날 다시 사랑하실까?"

편애를 소재로 한 이야기는 인류의 역사와 함께해왔다. 전래동화인 〈콩쥐 팥쥐〉도 일종의 편애 스토리이며 성경에 나오는 카인과 아벨의 이야기 또한 그러하다. 편애라는 것은 한쪽만 편향적으로 사랑과 관심을 준다는 말인데 이는 부모, 편애 대상, 편애의 피해자 모두에게 부정적이다.

사람들은 종종 편애 받는 아이들도 피해자라는 사실을 간과하고 있다. 그렇지만 편애로 자란 아이들은 사회부적응자로 자랄 확률이 높다. 물론 사랑 받지 못하고 자란 아이는 더 심각하다.

일반적으로는 부모의 사랑을 받지 못한 자녀는 자존감이 무너지고 열등감에 사로잡힌다. 그러나 부모의 사랑을 독차지한 자녀도 성장하면서 많은 문제를 나타낸다. 부모의 사랑을 독차지하는데 익숙한 아이는 아무래도 유치원이나 학교에서 좌절하기 쉽다. 선생님은 부모님처럼 일방적인 사랑을 퍼부어주지 않기 때문이다. 거기에서 오는 좌절로 단체생활에 적응하지 못하거나, 인성 발달에 문제를 일으키는 경우가 많다.

가장 심각한 것은 편애를 하는 부모가 자신이 편애하고 있다는 사실을 인지하지 못하고 있다는 것이다. 편애의 피해자였던 아이가 나중에 어른이 되어 부모에게 묻는다고 치자.

"왜, 우리를 동등하게 대해주지 않으셨나요?"

대부분의 부모는 일단 부정한다.

"열 손가락 깨물어서 안 아픈 손가락이 어디 있니? 너희를 모두 사랑한다. 그리고 그건 너의 오해야."

그건 오해가 아니라 거짓말이다. 그 말을 하는 부모도, 받아들이는 아이도 그것이 거짓인 줄 안다. 우리 솔직해져 보자. 좀 더 마음이 가는 아이, 혹은 좀 더 기대가 되는 아이가 있지 않은가? 나도 그렇다. 부정하지 않겠다. 그리고 내 주변 대부분의 부모도 그렇다. 이상하게도 마음이 더 가는 자식이 있다. 그 자식은 늘 스스로 자기 일을 알아서 하고, 그 아이 때문에 큰소리가 난 일이 없다. 실상 형제라 해도 저마다 개성이 있기 마련이고 부모는 성격이나 행동, 가치관 등에서 자신과 닮은 아이에게 마음이 기울어지는 것이 인지상정이다. 즉, 편애는 자연스러운 현상임을 인정하자.

미국 캘리포니아 대학의 연구에 의하면 아버지의 70%와 어머니의 65%가 한 자녀를 편애하는 것으로 나타났다. 그리고 슬프게도 자녀들은 자신이 편애의 대상인지 아닌지를 눈치 채고 그에 맞게 행동한다고 한다.

편애는 행동뿐 아니라 말에서도 드러난다.

"누나 좀 닮아라.", "언니가 참아야지.", "동생이잖아.", "집안은 첫째가 잘돼야 해.", "넌 왜 형처럼 못하니! 형 반만 따라 해봐라.", "언니는 예쁜데, 언니 안 닮았네.", "맏이는 외탁을 해서 인물이 좋아.", "너는 도대체 누구 닮아서 이렇게 고집이 세니?", "형은 좋은 대학 갔는데……"

이런 말들이 어린 시절부터 아이들 가슴에 상처를 준다. 가해자인 부모 입장에서는 일단 자신이 편애를 하고 있음을 인정하고 자식에게 상처를 줄일 방법을 찾아야 한다. 가장 간단한 방법이 감추기다.

황희 정승의 에피소드를 소개하겠다. 소 두 마리를 끄는 농부에게 황희 정승이 물었다. "흠, 소들이 힘이 좋네. 그런데 어떤 소가 더 힘이 센가?" 농부는 갑자기 일손을 놓더니 황희 정승 가까이로 다가왔다. "대감님, 저쪽 놈이 조금 더 낫습니다요." 그는 입을 손으로 가리며 조그맣게 말했다. 황희 정승은 의아해하며 물었다.

"아니, 그 말이 뭐 그리 중하다고 이렇게 귓속말을 하는가?" 그러자 농부가 공손히 대답했다. "힘이 약한 녀석이 듣고 기분이 상할까 그랬습니다."

기가 막히지 않은가? 편애에 대한 조상들의 지혜를 현대에 사는 우리도 본받아야 하지 않겠는가.

편애를 감추기 위한 방법 중 첫째는 몇 명의 아이가 있든 모두에게 같은 억양, 같은 높낮이로 이야기해야 한다는 것이다. 자신의 이름을 부르는 소리에도 어느 만큼의 애정이 담겨 있는지 아이들은 귀신같이 알아채기 때문이다.

둘째, 아이에게 장난을 치더라도 똑같이 해야 한다. 친근감의 표시인 가족 간의 장난과 어리광에도 공평한 애정이 담겨 있어야 한다. 애정은 공평하게 주어야 한다. '미운 놈 떡 하나 더 준다'는 속담이 괜히 있겠는가. 이 또한 조상의 지혜다.

셋째, 아이들과 각각 1대 1 데이트를 즐겨야 한다. 따로 있을 때 칭찬을 많이 하고 둘 만의 비밀을 만드는 것도 좋다. 언젠가 위대한 투수 박찬호가 그런 말을 했다. 그의 어머니는 운동하는 아들을 위해 다른 형제 몰래 따로 불러 시장에서 통닭을 사주곤 했다. 박찬호는 당연히 사랑을 느꼈고 그에 비례해 자신과 가족에 대해 책임감과 의무감도 키울 수 있었다. 1대 1 데이트의 핵심은 둘만의 비밀이라는 것을 잊지 말자. 그리고 쓸데없는 이야기도 필수다.

넷째, 어떤 아이가 말을 꺼내든 공평하게 잘 들어주어야 한다. 그리고 혹 반박을 하고 싶어도 참아라. 일단 수긍이 먼저다. 그런 자세는 혹 삐뚤어진 아이라도 변하게 한다. 벌을 줄 때도 마찬가지다. 공평해야 하고 일관성이 있어야 한다. 큰놈이든 작은놈이든 똑같이 벌칙을 주는 것이 핵심이다.

그리고 마지막으로 이를 친척들에게 설득하고 공유해야 한다. 친척은 때에 따라서 가장 큰 버팀목이 될 수도 있지만 걸림돌이 될 수도 있다. 명절 때 만나 툭툭 건넨 한마디에 아이들은 큰 상처를 받을 수 있다. 그 누구도 아이들을 비교하거나 잘잘못을 따지게 해서는 안 된다. 사전에 정지작업이 필요한 대목이다.

이런 장치를 만들고 실천해도 편애는 쉽게 감출 수 없다. 하지만 설사 감추다 들켰다 하더라도 무작정 편애라는 폭력을 견디는 것과 그것을 드러내지 않기 위해 노력하는 부모의 모습을 보는 것은 전혀 다른 차원의 문제다. 이들이 좋은 인성을 갖추고 좋은 성인으로 자라게 하는 것이 양육의 핵심이라면 부모는 그 어떤 것도 간과해서는 안 된다. 할 수 있는 모든 것을 다 해야 한다. 아이를 키우는 것은 힘이 든다. 그렇지만 그 힘겨움이 지금까지 인류가 존속하게 해준 힘이다.

미국 캘리포니아 대학의 연구에 의하면 아버지의 70%와 어머니의 65%가

한 자녀를 편애하는 것으로 나타났다. 그리고 슬프게도 자녀들은

자신이 편애의 대상인지 아닌지를 눈치 채고 그에 맞게 행동한다고 한다.

효과만점 밥상머리 소통

　명절은 가족이 다 모여 정성으로 차린 음식을 조상님께 바치고 그것을 나눠먹으며 관계를 돈독히 하는 의례다. 그런데 왜 이런 명절이 고통의 회오리가 됐을까? 갈등의 시작은 시간과 돈, 노동으로 집약된다. 부모님 댁에 얼마나 오래 있을 것인가, 언제 내려갈 것인가? 선물과 용돈의 범위와 한계는 어떻게 정할 것인가? 제사상을 차리고 밥상을 차리고 설거지를 하는 노동은 누가 할 것인가?

　노동이란 말을 고통으로 바꿔도 무방하다. 힘이 드니 누군가 불만을 토로하게 되면 그 불만에 맞대응하는 불만이 나오고 그러다 보면 말다툼이 일어나고 간만에 친족이 모두 모인 자리는 불화와 고통이 소용돌이치기 십 상이다. 당연히 이런 모습이 아이들의 교육에 좋을 리 없다. 이런 불상사를 막으려면 명절을 잘 준비해야 한다. 갈등을 최소화 할 수만 있다면 오랜만에 3대가 모이는 자리를 이용해 밥상머리 교육까지 할 수 있으니 아이들 교육에 이보다 더 좋을 수는 없다.

갈등을 줄이기 위해서는 고향으로 출발하기 전부터 워밍업을 해야 한다. 부부는 고향으로 출발하기 전에 장을 볼 품목, 선물, 출발하는 시기까지 의견 조율을 해야 한다. 남자는 이때부터 어지간하면 아내의 의견에 따르는 것이 좋다. 명절에 가장 피곤한 사람은 바로 아내이기 때문이다. 공연히 목소리를 키워 아내를 윽박지르다가는 막히고 답답한 차 안에서 문제가 불거질 소지가 크다. 차가 막히면 아이들이 칭얼대기 시작한다. 아이들이 칭얼대면 아내들은 대부분 짜증이 나기 마련이다. 멀고 먼 길을 달려 시댁에 가야 하고, 도착하자마자 소매 걷고 일해야 하고, 동서들은 얄밉고, 시어머니는 어렵고, 며칠 전부터 받았던 스트레스가 불쑥불쑥 고개를 내민다.

아내가 원하는 것은 시댁에 가지 않는 것이 아니라 자기 마음을 이해해주는 것이다. 그러니 명절이 다가오면 남편은 무조건 아내의 입장에서 이해하고 말해야 한다. 그리하면 고되고 힘든 명절이 행복한 교육의 장으로 변모할 수 있는 가능성이 생긴다.

　명절은 3대가 모이는 장이다. '아이는 마을이 키운다'는 말이 있다. 그리고 '격대 교육'이라는 말도 있다. 격대 교육이란 조부모가 부모 대신 손녀나 손자와 생활하면서 교육하는 것을 말한다. 빌게이츠나 오바마 대통령도 조부모의 영향을 많이 받은 것으로 알려져 있다.

　사실 부모는 여러 가지 감정이 개입되기 쉬워 아이의 인성교육에 객관성을 띠기 어렵다. 객관적이면서 연륜이 있는 조부모나 마을 어른의 가르침이 필요한 것이다. 그들의 가르침은 아이들의 인성 형성에 도움을 주고 사회적 능력을 배양시켜 성공하는 사회인으로 만드는 거름이다. 그런데 우리나라는 가파르게 핵가족화, 도시화가 되면서 이런 좋은 풍속이 빠르게 사라져 갔다. 지금은 격대 교육이란 말 자체가 거의 유명무실하다.

　사회생활을 잘 해나가기 위해서는 2가지의 인성이 절대적이다. 즉 자존감과 인내심이다. 아이들의 인내심을 키우는 데 아주 특출한 시스템을 가진 나라가 있으니 바로 이스라엘이다. '유태인에게 저녁 식사를 초대 받으면 저녁을 먹고 가라'는 말이 있다. 이스라엘의 안식일 의식은 매주 금요일 저녁부터 시작하는데 함께 장보기, 음식 만들기, 그리고 음식 앞에서 기도하기로 이어진다. 이 의식을 다 치르고 나면 밤 10시 정도가 된다. 그 과정을 아이들이 다 겪어야 한다. 그리니 음식을 먹기 위해서 아이들은 인내심을 발휘할 수밖에 없다. 자연스럽게 만족 지연 능력이 생기는 것이다.

매주 이런 일을 한다고 생각해보라. 원하는 것을 얻기 위해 참아야 한다는 것을 배우고, 식탁에서 어른들의 대화를 들으며 가족의 전통을 전수받는다. 세계적으로 유명한 아이스크림, 도넛, 초콜릿 등 디저트 산업의 창업자는 대부분 유태인이라고 한다. 이스라엘 사람들은 아이들을 식탁에 오랫동안 잡아두기 위해서 맛있는 후식을 준비했으며 그러한 전통이 산업으로 발전한 것이다.

유대인들은 가족과 식사를 자주 하는 아이들이 어휘력이 좋아지고, 그 어휘력이 성공으로 이어진다고 믿고 있다. 어른들이 하는 말을 이해하기 위해 집중력이 높아지고, 더불어 예절도 배울 수 있는 것이다. 전통문화가 다 사라지고 없는 우리의 입장에서는 솔직히 많이 부럽다. 우리도 그 비슷한 게 있기는 했다. 어린 시절 이불 속에 있던 아버지 밥주발이 기억나는가? 아버지가 늦게 오는 날이면 따뜻한 아랫목에 아버지 밥그릇을 묻어뒀다. 그것은 아버지의 권위를 상징하는 것이기도 했다. 그뿐인가. 이웃집에서 시루떡을 가져오면, 아버지 오시기 전에는 아무도 손을 대지 못했다. 그런 행위를 통해 인내심을 배우고 가족의 소중함과 권위까지 배울 수 있었다. 그런데 지금은 그런 전통이 기억 저편으로 사라졌다.

공부 잘하는 아이보다 자존감이 높고 인내심이 강한 아이로 키워야 한다는 내 말이 공허하다는 것을 안다. 우리나라 가정에서는 공부 잘하는 아이가 갑이다. 자존감이란 기본적으로 공감과 경청을 통해서 형성된다고 한다. 공감과 경청의 기본조건이 대화인데, 우리나라 가정에서는 대화가 줄어들고 무언가족이 늘어나고 있다. 자존감이 높은 아이들은 점점 줄어들고, 자존심과 이기심이 높은 아이들만 자란다면 우리의 미래는 어떻게 되겠는가?

아이들에게 인성과 인내심, 실패와 극복을 가르치던 공간인 동네 골목길은 사라지고, 마을도 사라졌다. 그나마 아이들의 잘못을 지적해주던 동네 무서운 아저씨도, 친척 어른도 이제는 모두 없어졌다.

아이들을 키우는 것은 순전히, 부모의 몫이 되었다. 그런데 부모 또한 맞벌이에 바쁘다. 시간이 있다 하더라도 부모의 역할을 제대로 배우지 못한 부모라면 아무런 필터링 없이 잘못된 가치관과 생활습관과 인성이 아이들에게 세습된다.

아이들은 잘못이 잘못인 줄 모르고 살아간다. 아무도 말해주지 않고 지적해주지 않으므로. 그런 아이들이 남의 집 사위가 되고, 며느리가 된다. 또 그런 아이들이 우리 집 며느리가 되고, 사위가 된다.

큰일이다. 자존감이 높고, 인내심이 강한 아이들이 많은 행복한 나라는 만들 수 없는 것인가? 그것이 고민이다.

좋은 예절이 사라진다는 것은 사회를 지탱하는 가치관이 사라지는 것을 의미한다. 그러니 차후 명절부터라도 이런 것들을 하나씩 되살리는 전환점으로 삼았으면 한다. 우선 귀성길 차 안에서 아이들에게 부탁해 보자.

"이번에 할아버지 댁에 가면, 지난번처럼 인사 잘할 수 있지? 부탁한다."

"할아버지, 할머니 말씀하시면 대답 잘해. 할아버지가 좋아하시더라."

부탁한다는 말이 의외로 효과가 높다. 또 제3자의 칭찬이 효과 만점이다. 할아버지가 좋아한다는 말이 아이의 행동을 좋은 쪽으로 강화한다.

아이들의 인성에 도움이 되는 전통은 꼭 되살려야 한다. 그래야 아이들에게 인내심이 생긴다. 차례 후에 식사를 할 때도 어르신이 수저를 들고 나서 아이들이 수저를 드는 그런 예절을 가르쳐야 한다. 이런 것들이 밥상머리 교육의 시작이다.

"어른들 수저 드신 후에 먹는 거야, 부탁해."

"어른들 음식 다 드시기 전에 일어나는 건, 유치원에서 같이 식사할 때 먼저 먹었다고 혼자 일어나서 떠드는 아이와 같은 거야. 알았지?"

명절 때마다 소중하게 느껴지는 것이 밥상머리 교육이다. 어린 시절 밥상머리에서 대화를 나누며 식사를 한 기억이 있는가? 솔직히 난 없다. 우리 어린 시절에는 밥 먹으면서 대화를 나누는 것은 금기사항 중의 하나였다. 그래서 말 없이 밥만 먹었다. 물론 아버지가 수저 드시기 전에 수저를 들거나, 아버지가 수저를 놓기 전에 밥상머리에서 일어나는 일은 회초리감이었다.

그런데 여러 가지 자료를 보면 가족과의 식사 시간이 아이들에게 미치는 영향이 아주 크다고 한다. 미국의 자료를 보면 학업성적이 우수하고, 인성이 좋으며, 약물중독에 노출되어 있지 않는 중고교 학생들의 공통점 중 하나가 바로 가족과 식사를 자주 한다는 것이었다.

특히 아이들이 어렸을 때, 아버지와의 대화는 아이들의 어휘력, 상상력, 집중력을 높이는 아주 중요한 포인트라고 한다. 어휘력, 상상력, 집중력은 부모들이 그렇게 원하는 공부 잘하는 조건이다. 어휘력을 키워준다고 동화책을 읽어주는 것보다 식탁에서의 대화가 훨씬 더 효과적이라는 말이다.

식탁에서 나누는 아버지와의 대화는 어린 시절 아이들이 외부의 이야기를 접할 수 있고, 생소한 단어를 들을 수 있는 유일한 시간이라고 한다. 신기한 단어를 들으니 그것을 상상하게 되고, 집중력이 높아지는 것이다.

그래서 식사시간은 보통 20분 정도가 좋다. 아이들이 집중할 수 있는 시간이 20분이기 때문이다. 식탁은 가정의 좋은 가치관이 대를 이어 세습되는 장소이기도 하고, 인내심을 기를 수 있는 훈련장이기도 하다. 그런데 우리 대한민국 가정의 식탁은 어떠한가? 잔소리를 하는 곳, 갈등이 쌓이는 곳이 아닐까?

개인적으로 나에게 아이들과 지내면서 가장 후회스러운 것들을 말해 보라고 하면, 가장 먼저 식탁에서 아이들과 대화하지 못하였던 것을 꼽을 것 같다. 정말 몰랐다. 배우지 못했기 때문이다. 아버지는 밥 먹을 때 말하지 않는 것이라고 하셨다.

나는 아이들에게 해주고 싶은 이야기가 너무나 많다. 그러나 문제는 어떻게 잘 전달할 것인가이다. 메시지의 내용도 중요하지만, 메시지를 전달하는 방식도 못지않게 중요하다는 것을 안다. 식탁에서, 차를 마시면서, 운동하다가, TV를 보다가, 아이의 마음이 오픈이 되었을 때, 짧고 깊게 전달하는 것이 중요할 것이다.

그 중에서 식탁이 가장 효과가 좋다. 음식을 먹는 행위 자체가 마음을 오픈해주기 때문이다. 이제 대한민국 가정의 식탁은 무너진 가정을 다시 살리고, 아이들에게 좋은 인성을 키워주고 가장 중요한 자존감과 인내심을 길러 줄 수 있는 곳으로 가치의 변환이 일어나야 한다. 어른들이 아이들을 행복하게 해주는 세상의 출발은 식탁이라고 생각한다.

우리가 부모를 무시하고 홀대하는 모습을 아이들이 보고 배우고, 그것이 부메랑이 되어 내게 돌아온다는 것은 자명한 일이다. 명절을 차례와 식사, 격대 교육에 대한 의미를 이해하고 그런 것들을 하나씩 되살리는 계기로 삼았으면 좋겠다. 명절은 고통의 회오리만이 존재하는 것이 아니다. 1년에

두 번 아이들에게 인내심과 전통을 가르칠 수 있는 좋은 기회다. 그렇게 아이들을 가르치고 그 준비과정에서 부모가 함께 연구하고 배울 수 있다면 명절은 더 없이 즐거운 시간이 될 것이다.

우리가 부모를 무시하고 홀대하는 모습을 아이들이 보고 배우게 되면,
그것이 부메랑이 되어 내게 돌아온다는 것은 자명한 일이다. 명절을 차례와 식사,
격대 교육에 대한 의미를 이해하고 그런 것들을 하나씩 되살리는 기회로 삼으면 좋겠다.
명절은 고통의 회오리만이 존재하는 것이 아니다.

06 맞벌이 부부여, 질로 승부하라

나이 오십이 넘으면 크게 놀랄 일이 많지 않다. 로또나 당첨된다면 모를까, 이런저런 일들을 많이 겪었기 때문에 웬만한 일 앞에서는 당황하지 않는다. 그러나 젊은 맞벌이 부부의 경우는 다르다. 아이들이 아프거나 조금만 다쳐도 가슴을 졸인다. 아이들이 조금 더 커서 사사건건 부모 말에 반항하고 대들게 되어도 밤잠을 설친다.

오죽했으면 클라크가 자신의 책 《격언집》에서 '자녀는 확실한 걱정거리이며 불확실한 위로'라고 말했겠는가.

아이를 키우는 동안, 남편과 아내의 갈등이 심화되는 경우가 많다. 특히 젊은 맞벌이 부부들은 가사와 육아를 어떻게 분담할 것인가, 아이를 어떤 태도로 키울 것인가에 대해 견해 차이가 클 수 있다. 서구에서는 예전부터 장모와 사위의 갈등, 즉 장서갈등이 심각한 사회문제로 대두되었다. 우리나라도 맞벌이 부부가 증가하면서 장서갈등이 수면에 떠오르고 있다. 그러나 장모가 아이들을 돌봐주는 과정에서 촉발되는 장서갈등은 그나마 행복한 갈등이라 해도 좋다.

돌봐줄 사람이 없어 아이들을 유아원이나 어린이집에 보내는 사람들은 아이가 학대받지나 않을까, 아이에게 나쁜 음식을 주지 않을까, 아이가 정서적으로 불안하지 않을까 다양한 고민을 해야 한다. 따라서 아무런 대안 없이 아이를 맡겨야 하는 엄마들의 마음이 편할 리 없다. 그래서 맞벌이 부부들의 자녀교육에 대해 도움이 될 만한 이야기를 하고자 한다.

맞벌이 가족은 크게 4가지 유형으로 나눠진다.

첫째는 생계유지형 맞벌이다. 가정의 경제적 필요에 의해서 기혼 여성이 자발적, 혹은 비자발적으로 남편과 함께 경제활동에 참여하는 경우다.

둘째는 내조형 맞벌이다. 이는 남편의 학업과 출세를 위해 아내가 생계를 전적으로 담당하는 형태로 볼 수 있다. 여기서 중요한 사실은 생계를 책임지는 아내의 태도가 보수적이면서 남성에 종속된 형태를 띠는 경향을 보인다는 것이다.

셋째는 자아실현형 맞벌이다. 중산층, 고학력의 여성들이 취업을 통하여 자아를 실현하고, 평등한 부부관계를 정립하려는 욕구에서 출발한 것이다.

넷째는 여가활용형 맞벌이다. 생계, 내조, 또는 자아실현 등과는 상관없이 자신의 취미와 소일거리로 직업을 가지고자 하는 형태를 말한다. 여가활용형 맞벌이 가정을 제외하고는 대부분의 맞벌이 가정에서 아이들 교육문제가 가장 큰 고민거리가 된다.

그렇다면 이런 고민을 어떻게 풀어야 할까?

나는 이 고민을 조금 세분해서 현상을 파악해야 해결책을 끌어낼 수 있을 것이라 본다. 즉 양육 측면, 교육 측면, 그리고 취업주부의 과중한 역할 부담 측면이 그것이다.

우선 양육 측면을 살펴보자. 무엇보다 보육시설의 부족과 과도한 보육비용이 문제다. 보육비용이 여성근로자 평균 급여의 30% 선을 초과하고 있는 실정이라고 한다. 보육시설이나 비용 문제는 개인이 해결할 수 없다. 사회적 합의와 정부 차원의 대책이 나와야 할 것이다.

다음은 교육 측면이다. 내조형이나 자아실현형 맞벌이 부부는 시부모나 친정부모에게 자녀 양육을 맡기거나, 대리 양육인을 고용하는 형태를 보인다. 생계형은 자녀를 일터로 데리고 가거나, 형제자매들에게 맡기는 준방치 형태를 띠는 경우가 많다. 최근에는 지방에 거주하는 부모님들께 자녀를 맡기고 주말에만 만나는 소위 '주말부모' 형태도 흔히 볼 수 있다. 어린이집이나 유치원 종일반에 다니던 아이들이 초등학생이 되면, 방과후 혼자 학원을 순례하며 부모가 올 때까지 시간을 때우게 된다. 집에 돌아왔을 때 맞아줄 부모가 없는 경우가 비일비재하다. 약 70~80만의 초등학생들이 부모가 없는 집으로 귀가해 3~7시간을 혼자 보낸다고 한다.

마지막으로 취업주부의 과중한 역할분담에 주목해보자. 우리나라 특유의 모성 이데올로기는 특히 일하는 엄마에게 죄책감을 안겨준다. 맞벌이 부부의 이런 상황을 잘 설명해주는 것이 3D전략이란 신조어다. 여기서 3D란 Dutch-Pay(부부별산제), Delay-kids(출산 지연), Double role(역할 공유)을 말한다.

시스템의 문제와 인식의 문제가 복잡하게 얽혀 있는 맞벌이 부부의 자녀 양육은 특별한 대책이 있기 어려운 상황이다. 하지만 조금이라도 문제를 줄이는 방향에서 다음의 3가지 방법을 추천하고자 한다.

첫째, 양육과 교육의 질을 높여야 한다. 맞벌이 부부가 전업주부에 맞서 양으로 승부하기는 어렵다. 아이들과 함께하는 시간이 당연히 적을 수밖에 없다면, 그 시간의 질을 높이는 전략을 시도해보라는 것이다. 예들 들어보자.

아이들과 같이 있는 시간에 텔레비전을 보는 것은 금물이다. 같이 놀이하기, 아이들이 하는 말 잘 들어주기, 생각과 행동 칭찬하기 등이 추천할 만하다. 2012년 통계청 자료에 의하면 우리나라 아버지와 자녀의 대화시간이 평균 30분 미만인 것으로 나타났다. 반면 어머니와의 대화시간은 2시간 이상인 것으로 밝혀졌다. 상대적으로 아이들과 적은 시간을 보내는 아버지의 경우, 시간의 질을 높이는 전략은 더 중요하다. 대화의 포인트는 '주로 들어주기, 쓸데없는 이야기 나누기, 공부나 진학 문제는 절대 말하지 않기'다.

둘째, 엄마의 생활 만족도를 높여야 한다. 연구 결과에 따르면 엄마의 생활 만족도가 자녀들에게 미치는 영향이 매우 크다고 한다. 만족도가 떨어지는 엄마의 태도와 말투는 아이들에게 그대로 전달되어 정서적 불안정 및 상처를 주는 경우가 많다. 엄마의 자존감을 높이는 것이 자녀교육에 지대한 도움이 된다는 것을 강조하고 싶다. 엄마들은 아이들을 다른 사람에게 맡긴다는 죄책감을 떨쳐버리고, 떳떳하고 당당하고 밝은 태도를 자녀들에게 보여주는 것이 바람직하다.

셋째, 가족의 이해와 협조가 절대적으로 필요하다. 우리나라 남편들은 아이는 엄마가 키우는 것이라 생각하고, 양육과 교육에 수동적이다. 이런 생각은 빨리 바뀌어야 한다. 그리고 특히 맞벌이 부부라면 자녀 양육과 가사 분담에 있어 남편의 협조가 절대적으로 필요하다. 아울러 시댁과 처가의 협조도 동시에 이루어져야 한다.

맞벌이 부부가 꼭 지켜야 할 자녀양육 5가지 포인트

1. 아이에게 사랑을 줄 수 있는 사람에게 아이를 맡긴다.

2. 아이는 반드시 부모가 데리고 와야 한다.

3. 아이에게 충분한 스킨십을 해준다.

4. 아이와 떨어지기 전에 반드시 돌아올 시간을 말해준다.

5. 아이가 일정 나이(4~6세)가 되면 엄마가 일하는 이유를 설명해준다.

맞벌이 부부가 자녀 양육을 제대로 하기 위해서는 다음의 3가지가 꼭 필요하다.

첫째, 자녀에게 쏟는 교육의 질을 높여야 한다.

둘째, 엄마의 생활 만족도를 높여야 한다.

셋째, 가족의 이해와 협조가 선행되어야 한다.

우리 아이,
왜 자꾸 거짓말을 할까?

아이의 문제행동 유형별 진단 1

자식은 태어나서 세 살 때까지만 효도를 한다는 얘기가 있다. 그 무렵의 아이는 웃는 모습, 걷는 모습, 자는 모습만 봐도 행복 호르몬이 마구 솟아나는 것 같다. 그러나 그 이후로는 평생 그 대가를 치러야 하는 게 자식이다.

단언컨대 이 세상에 문제 없는 가정은 없다. 정말 심각한 문제는 문제가 있음에도 감추거나 애써 외면하는 태도이다. 문제가 있으면 공개하고 그것을 해결하기 위해 집중해야 한다. 결론부터 말하자면 문제 없는 가정이 행복한 가정이 아니라 문제를 잘 해결해 나가는 가정이 행복한 가정이다. 내가 쓴 문장이지만 참 멋진 말이지 않은가.

아이들은 자라면서 여러 가지 벽에 부딪힌다. 아이들에게 그때마다 지혜로운 선택을 하라고 말할 수는 없다. 모두가 지혜로움을 타고난다면 세상에 모순도 없을 것이고 갈등도 생기지 않을 것이다. 벽에 부딪힌 사람은 괴로워하고, 도망가기도 하고, 이상한 행동을 하기도 한다. 다행인 것은 많은 부분, 시간이 해결해준다는 것이다. 다만 정도의 차이가 있을 뿐이다. 아이들이 문제행동을 보일 때 부모가 어떤 대처를 하느냐에 따라 괴로움의 시간을 좀 더 줄일 수 있다고 생각한다. 이렇게 말할 수 있는 것은 나도 어린아이 시절과 사춘기를 겪었기 때문이다. 아마 내가 기억하는 것보다 훨씬 더 이상한 짓을 했을 거라고 추정된다. 사실 다 자란 성인이 되어서도 나는 늘 문제를 달고 살았고, 결국 그 문제가 사라지는 시기도 겪었다. 우리는 아이들이 이상한 행동을 보일 때 좀 여유를 가질 필요가 있다.

일단 부모의 도움이 필요한 아이들의 이상행동 중에서 중요한 것 6가지를 정리해보자.

겁부터 먹고 거짓말하는 아이

간단한 문제도 쉽게 포기하는 아이

친구에게 지는 것이 익숙한 아이

남의 물건을 훔치는 아이

아이가 이상행동을 보이면 부모는 '어떻게 고칠까?'만 생각한다. 그러나 '왜'를 먼저 고민하는 것이 지혜롭게 문제를 해결해 나가는 지름길이다. 아이들의 이상행동은 부모가 한 행동의 반작용이다. 그 대부분이 부모에 대한 아이들의 방어기제라는 사실을 잊지 말아야 한다. 쉽게 말해보자. 아이로서는 나름 살기 위한 방법을 찾아낸 것인데, 이것이 부모에겐 문제행동으로 보이는 것이다. 문제행동, 이상행동의 원인은 부모고, 그 치유책도 부모에게서 시작되어야 한다. 부모가 더 공부하고 고민해야 할 이유가 여기에 있다.

겁부터 먹고 거짓말하는 아이

"내가 안 그랬어."

"그럼 누가 했어?"

"나도 몰라."

누가 보아도 뻔한 일인데, 아이가 자신이 한 짓이 아니라고 고집을 부린다면 원인은 최초의 대화에 있다. 아이가 자신의 행동에 대해 설명할 기회도 주지 않고 말을 자르고 잘못만을 지적하거나 비난했다면, 아이는 본능적으로 거짓말을 하기 시작한다. 또한 엄마가 묻기도 전에 겁부터 먹고 거짓말을 하는 것도 이와 같은 이유다. 강압적이고 일방적으로 지시하는 태도 역시 아이를 주눅들게 만든다.

아이들에게 "너, 거짓말하면 엄마가 다 알거든?"이라고 추궁하면 안 된다. "엄마가 혼내려고 그러는 게 아니고 네가 뭘 만들려고 하는지 궁금해서 그래."라고 말하면 아이는 자신의 생각을 편안하게 털어놓을 것이다. 최초의 질문이 중요하다.

"왜 이렇게 어질러 놓았니?"라고 묻는 건 질문이 아니다.

"뭘 만들고 있었니? 진짜 궁금하네."라고 엄마가 자신을 믿고 지지하고 있음을 표현해야 한다. 치우는 것은 그 뒤에 가르쳐도 늦지 않다.

간단한 문제도 쉽게 포기하는 아이

"이 문제는 왜 안 풀었어?"

"심화 문제잖아. 어려워 보여서……"

어려운 일을 피하려는 것은 인간의 본능이다. 될수록 쉬운 일, 편한 일을 하고자 하는 것이 인간 본연의 심리 아닌가. 그래서 아이들의 놀이도구나 학습교재들은 단계별로 차근차근 진행하게 되어 있다. 그런데 조금만 어려워져도 바로 포기하는 것이 반복되는 아이들은 부모가 눈여겨보아야 한다. 때로는 타고난 성품 탓일지도 모르지만 대부분 이런 아이의 문제는 자

신의 능력에 대한 확신이 부족하기 때문이
거나 누군가 대신해주는 것이 버릇이 되
었을 때 나타나는 현상이다. 이런 유
형은 외동이어서 부모가 오냐오냐 키
운 아이에게서 많이 관찰된다. 이 아
이들은 좌절하는 것을 두려워하고 좌절을
겪었을 때 보통 아이들보다 심한 공포를 느낀
다. 이런 경우, 부모와 어른들은 인내심을 가지고 아이가 문제에 집중할 수
있도록 인도해야 한다.

일단 부모의 태도부터 점검해볼 필요가 있다. 아이가 실수를 하거나 잘
못을 저지른 상황에서 부모가 먼저 달려가 챙기기보다는 아이 스스로 대
처할 수 있도록 내버려 두자. 그리고 어떤 실수를 했더라도 아이에게 언성
을 높이거나 다그치는 일이 없어야 한다. 아이가 스스로 문제를 풀었을 때
는 "잘했어. 우리 아들! 혼자서도 침착하게 문제
를 다 풀다니 정말 대단한데!"라는 식으로
칭찬을 해주어야 한다. 부모의 칭찬을 통
해 아이는 자존감을 회복하고 자신의 능
력에 대해 의심을 거두게 될 것이다.

친구에게 지는 것이 익숙한 아이

"난 원래 그래. 내가 그렇지 뭐."

"내가 이걸 어떻게 해?"

이런 말들을 입에 달고 사는 아이들이 있다. 쉽게 포기하는 아이들처럼 자존감에 문제가 생겼기 때문에 이런 이상 행동을 보이는 것이다. 당연히 그간 부모의 양육방식에 문제가 있었기 때문에 나타나는 행동이다. 부모가 아이에게 '성공의 경험'을 겪게 해주지 못했거나 칭찬의 기술을 제대로 사용하지 못한 경우가 많다.

성공의 경험을 맛보게 하게 위해서는 보다 많은 친구를 접할 수 있도록 환경을 만들어주어야 한다. 자신에게 실패와 좌절을 겪게 한 친구들을 통해 세상에 모든 것을 다 잘하는 사람은 없다는 사실을 인식하게 된다. 아이는 다양한 관계 속에서 다른 아이보다 자신이 잘하는 것을 발견할 확률이 높다.

칭찬을 할 때는 제3자를 이용하는 것이 좋다.

"선생님께서 네 한자 실력에 깜짝 놀라셨대."

"경비실 아저씨가 인사 잘한다고 우리 아들 칭찬 많이 하더라."

칭찬할 거리가 없다고 투정하지 말자. 내 아이가 보다 많은 사람들에게 칭찬 받기를 원한다면 남의 집 아이부터 칭찬해주면 된다.

"동호는 어쩜 그렇게 그림을 잘 그리죠? 엄마의 예술적 감각을 닮았나 봐요?"

"뭘요. 민수야말로 노래도 잘 부르고 친구도 많다고 소문이 자자하던 걸요."

물론 이런 칭찬은 아이들이 있는 곳에서 들으라는 식으로 하는 것이 가장 효과적이다.

문제 없는 가정이 행복한 가정이 아니라 문제를 잘 해결해 나가는 가정이 행복한 가정이다.

아이가 잘못된 행동을 하면 부모는 "어떻게 고칠까?" 하는 것만 생각한다.

그러나 '왜'를 먼저 고민하는 것이 지혜롭게 문제를 해결해 나가는 지름길이다.

아이들의 이상행동은 부모가 한 행동의 반작용이다.

그 대부분이 부모에 대한 아이들의 방어기제라는 것을 잊지 말아야 한다.

하루종일 엄마만 찾는 아이
아이의 문제행동 유형별 진단 2

앞서 설명한 아이의 문제행동 3가지는 부모의 관심과 약간의 기술만 있으면 충분히 대응이 가능하다. 그리고 사실 심각한 문제라고 보기도 어렵다. 지금부터 얘기하려는 3가지 문제는 방치하면 심각한 문제로 발전할 가능성이 크다.

남의 물건을 훔치는 아이

일곱 살 아이와 슈퍼를 다녀온 엄마는 아이의 손에 쥐어 있는 막대사탕을 보고 놀라서 물었다.

"너 이거 어디서 났니? 훔쳤어?"

"아니, 바닥에 떨어져 있어서 주운 거야."

엄마는 걱정이 이만저만이 아니다. 그것이 처음 있는 일이 아니었기 때문이다. 많은 부모들은 이런 경우에 당황한 나머지 잘못된 대응을 하고 만다. 소리를 지르며 아이를 야단치고 매를 들기도 한다. 아이에게 남의 물건을 가져온다는 것은 어떤 의미인지부터 살펴보자.

보통 3세 이전의 아이들에겐 소유의 개념이 명확하지 않지만, 반복적인 설명을 통해 대충의 개념을 전해줄 수 있다. 아이가 그런 행동을 했을 때 충분히 설명해주고 이해시키는 노력이 필요하다. 그러나 7세 무렵의 아이들은 누가 가르쳐 주지 않아도 충분히 남의 물건과 내 물건을 구분할 수 있으며, 남의 물건을 가져오는 것이 잘못된 행동임을 안다.

남의 물건에 손을 대는 아이들의 경우, 통계적으로 보면 부모의 관심을 받기 위한 행위일 가능성이 높다. 애정 결핍, 욕구 불만을 그런 식으로 표출하는 것이다. 일종의 대리만족인 셈이다. 이와는 반대로 너무 과잉보호를 하는 부모, 강압적인 부모를 향한 반항이나 보복으로 물건을 훔치는 경우도 있다. 모두 부모의 관심을 끌겠다는 무의식이 저변에 깔려 있다.

아이가 남의 물건을 가져 왔을 때 '훔쳤냐'고 극단적으로 물어보는 것을 자제해야 한다. 놀라고 화나는 마음은 이해하지만 일단 마음을 가라앉히고 아이들에게 '왜'를 물어보아야 한다. 화난다고 마음에 있는 소리를 다 뱉었다가는 아이에게 지울 수 없는 상처를 주게 된다.

만약 아이의 말대로 바닥에 떨어져 있던 물건을 주운 것일 수도 있다. 그런데 엄마가 "훔쳤냐? 왜 나쁜 짓 했냐?"고 단정적으로 말하면 엄마가 자신을 나쁜 아이로 보고 있다고 생각하고 자존감에 치명적인 상처를 입게 된다. 만약 아이가 사탕이 탐이 나서 집어온 것이라면, 슈퍼에 다시 가서 물건 값을 치르고 남의 물건을 그냥 가져오는 것은 사회적인 약속을 어기는 것임을 알려주어야 한다.

또한 이후로는 아이와 같이 슈퍼에 갈 때 각별히 신경을 써야 한다. 하지만 아시다시피 마트나 슈퍼는 지뢰밭이다. 어른들도 다양한 물건들을 보면 갖고 싶은 마음이 일어나는데 아이들은 말할 것도 없다. 아이를 잘 관찰했다가 만약 오늘도 사탕이나 과자를 손에 쥐고 있다면 "아, 그게 먹고 싶었구나. 저기 계산대에서 계산하고 먹자."라고 유도해야 한다.

아이가 오늘은 물건에 손을 대지 않았다면 "엄마랑 같이 쇼핑해줘서 고마워. 뭐 먹고 싶은 거 없어. 선물로 엄마가 사줄게."라고 아이의 올바른 행동을 강화시켜주면 된다.

부모에게 지나치게 의존하는 아이

초등학교 3학년이 민수는 엄마 없이는 아무것도 하지 못한다. 숙제를 할 때도 준비물을 챙길 때도 엄마를 따라다니며 "이건 어떻게 하지?"라며 하루 종일 물어본다. 심지어 오늘 일기의 주제를 정하는 것도 엄마의 몫이다. 엄마는 아이가 자신에게 너무 의존해서 걱정이다. 하지만 문제는 엄마가 만들었다.

스스로 해볼 기회를 갖지 못했던 아이는 마마보이나 마마걸이 될 수밖에 없다. 엄마 입장에서는 아이를 사랑하니까 애처로워 도와주는 것이라 생각할 수 있다. 하지만 아이는 그런 행동방식에 금세 익숙해진다. 이른바 '캥거루 키드'가 되는 것이다.

이런 아이를 만드는 부모의 유형에는 익애형(무엇이든지 챙겨준다.), 지배형(아이의 능력을 무시하고 강압적인 태도로 일관한다.), 과잉기대형(아이에 대한 기대치가 지나치게 높아 아이가 독립적인 행동을 못하게 한다.) 등이 있다.

아이가 혼자서는 아무것도 할 수 없다면, 일단 부모인 자신을 돌아보자. 아이의 자율성을 인정하지 않았거나, 아이가 한 일에 비판적이었거나, 아이에게 너무 많은 것을 기대하지는 않았는지 반성해야 한다. "넌 공부만 해, 나머지는 엄마가 다 해줄게." 이런 말을 해본 경험이 있는 부모라면 틀림없다. 부모가 다 알아서 해주니 아이들은 책임감 없고 의존적인 어른으로 성장하는 것이다.

이미 의존성이 생긴 아이의 행동을 단번에 고칠 수는 없다. 우선 아주 간단한 것부터 아이 혼자 힘으로 할 수 있도록 목표를 정하자. '혼자 밥 먹기,

혼자 양치질하기, 혼자 책가방 챙기기' 같은 것들이 될 것이다. 하나의 목표가 달성되면 조금 더 어려운 목표에 도전하면 된다. 그런데 여기에는 주의사항이 하나 있다.

아이의 행동이 마음에 들지 않더라도, 혼자 했다는 것에 대해 칭찬을 아끼지 않아야 한다. 때로는 적절한 무관심도 좋은 방법이다. 빠른 시간에 해결하려는 조급함을 버려라. 이러한 문제 역시 오랜 시간에 걸쳐 형성된 것이기에 고치는 데도 시간이 걸린다. 하지만 이런 과정을 통해 자녀도 부모도 한 뼘 더 성장하게 된다는 이점도 있다.

울며 떼쓰는 아이

떼쓰는 아이들은 다루는 일은 대단한 인내심을 요한다. 가끔 사람들 많은 곳에서 화를 참지 못하고 아이들을 때리거나 야단치는 부모들이 있는데, 거의 다 떼쓰는 아이들 때문이다. 이러한 떼는 아이가 눈뜨는 순간부터 시작된다.

눈에 보이는 모든 것이 떼의 대상이다. 겨울에 반팔 옷을 입겠다고 떼를 쓰고, 비도 안 오는데 장화를 신겠다고 떼를 쓴다. 학교에 가지 않겠다고 떼를 쓰기도 하고, 학습지를 풀기 싫다고 떼를 쓰기도 한다. 화가 나면 책을 집어던지거나 울음을 터뜨린다. 그런데 이상한 일은 학교에서는 선생님 말씀도 잘 듣고 별 문제가 없다고 하니 엄마로서는 이해 불가다. 아이는 이

중성격인 걸까? 그렇지는 않다. 아이가 떼쓰도록 만든 건 부모이지 선생님이나 친구는 아니기 때문이다.

아이가 떼쓰는 경우는 자신이 하기 싫은 일을 해야 할 때, 또는 하고 싶은 일을 하지 못할 때이다. 아이는 학교라는 사회에서는 규칙을 따라야 한다는 것을 잘 알고 있다. 떼를 써봤자 통하지 않았기 때문이다. 그러나 집에서는 그런 규칙을 지킬 필요가 없다. 울고 떼를 쓰면 대부분 자신의 주장이 관철되었던 경험이 있기 때문이다.

아이가 감정 조절이 미숙한 유아기라면 떼를 쓸 때 반응을 하지 않는 것이 훌륭한 대응책이 될 수 있다. 그러나 모든 것을 다 알면서 부모를 통제하려고 하는 아이에겐 단호히 거부 의사를 밝히는 것이 중요하다. 초기에는 부모의 거부 반응에 당황해 더 강하게 떼를 쓸 것이다. 여기서 물러나면 아이의 내성만 키워주게 된다. 집에서 지켜야 할 규칙이 무엇인지 단호하게 이야기하고, 떼는 통하지 않는다는 것을 보여주자.

이 과정은 부모나 아이 모두에게 매우 고통스럽다. 그러나 힘들다고 포기해서는 안 된다. 아이의 먼 미래를 상상해보면 더 그렇다. 모든 것은 '결자해지'가 원칙이다. 원인을 제공한 부모가 아이의 문제행동을 수정해주는 것이 가장 빠른 길이다. '아이가 어리니까, 맞벌이를 하니까 애처로워서' 등등의 생각은 버려야 한다.

정말 심한 경우에는 전문가의 도움을 받는 것도 고려해보라. 몸이 아픈 것이나 마음이 아픈 것이나 다를 게 없다. 부정적으로 생각할 필요가 없다.

아이가 남의 물건을 가져 왔을 때 '훔쳤냐'고 극단적으로 물어보는 것을 자제해야 한다.
놀라고 화나는 마음은 이해하지만 일단 마음을 가라앉히고 아이들에게 '왜'를 물어보아야 한다.
화난다고 마음에 있는 소리를 다 뱉었다가는 아이에게 지울 수 없는 상처를 주게 된다.
아이의 모든 이상행동은 부모가 원인이니 참회하는 마음으로 아이의 말에 귀 기울이자.

내 아이, 행복한 사람으로 키우기 20계명

1. 부모가 잘못했다면 망설이지 말고 아이들에게 먼저 사과하는 마인드의 유연성을 가져야 한다. 사과하는 것과 권위가 없어지는 것은 다른 개념이다.

2. 사과는 기술적으로 해야 한다. 그래서 말보다는 문자나 편지 같은 얼굴을 보지 않고 할 수 있는 방법을 이용하는 것이 좋다.

3. 원인은 부모인데, 부모는 상담 받지 않고 아이들만 상담실로 보낸다. 상담 후 좋아진다 해도 아이들은 금세 다시 망가진다. 원인 제공자인 부모가 그대로이기 때문이다.

4. 자살은 해야 할 일을 회피하기 위한 수치스러운 수단이 되어서는 안 된다.

5. 현재 아이들에게 공부란 묻지도 따지지도 않고 그냥 해야 하는 의무가 되어 버렸다. 하지만 강요와 일방통행에 미래는 없음을 인식해야 한다.

6. 공부는 자기가 좋아서 할 때 가장 효과적이다. 그것이 자기주도 학습이다.

7. 안 좋은 것은 늘 그렇듯 생명력이 질기고 좋은 것보다 확산이 잘 된다. 만고불변의 진리다.

8. 아이들에게 대화 상대는 일차적으로 부모여야 한다. 대화를 통해 인격을 형성하고 올바른 가치관을 정립할 수 있어야 한다.

9. 미국 캘리포니아 대학의 연구에 따르면 아버지의 70%와 어머니의 65%가 한 자녀를 편애하는 것으로 나타났다.

10. 편애의 대상자였던 아이들은 사회부적응자로 자랄 확률이 높다. 물론 사랑을 받지 못했던 아이들의 문제는 더 심각하다.

11. 부모 입장에서는 일단 자신이 편애를 하고 있음을 인정하고, 자녀에게 상처를 줄일 방법을 찾아야 한다.

12. 편애를 드러내지 않기 위해서는 자녀들 모두에게 같은 억양, 같은 높낮이로 이야기해야 한다. 또 아이들과 각각 1대1의 관계에서 교감할 수 있는 기회를 만들어야 한다.

13. 그 누구도 아이들을 비교하거나 잘잘못을 따지게 해서는 안 된다. 그저 있는 그대로 받아들이기로 약정을 맺어야 한다.

14. 우리가 부모를 무시하고 홀대하면, 아이들은 그것을 그대로 보고 배우며 결국 부메랑이 되어 내게 돌아온다는 것은 자명한 진리다.

15. 우리 사회엔 어른이 필요하다. 객관적이면서 연륜이 있는 조부모나 친척들의 가르침이 필요하다는 것이다. 그들의 가르침은 아이들의 인성 형성에 도움을 주고 사회적 능력을 배양시켜 성공하는 사회인으로 만드는 거름이다.

16. 사회생활을 잘해나가기 위해서는 자존감, 그리고 인내심이 필수적이다.

17. 이스라엘 사람들은 밥상머리 교육을 중시했다. 아이들을 가능한 한 식탁에 오랫동안 잡아두기 위해 맛있는 디저트를 준비할 정도였다.

18. 아버지와의 밥상머리 대화는 아이들이 외부의 이야기와 생소한 단어를 접할 수 있는 소중한 시간이다. 새로운 이야기를 들으니 상상력과 집중력이 좋아지는 효과도 있다.

19. 아이가 떼를 쓸 때는 단호하고 엄격하게 대처해야 한다. 적당한 선에서 타협하거나 물러서면 아이의 내성만 키워주는 꼴이 된다.

20. 아이가 소중하다면 무조건 기다려주어야 한다.

우리의 우주를 위하여!

차이를 넘어, 불통을 넘어 해피엔딩

대한민국 평균점수 67점

셰익스피어는 《맥베스》에서 다음과 같이 말했다. "마음속에서 꾀하는 것이 있더라도 실행이 따르지 않으면, 뛰어오르기는 하지만 아무것도 잡지 못하는 것과 같다." 철학자 괴테도 《격언과 반성》에서 다음과 같이 말했다. "우리는 학술을 통해서는 아무것도 알 수 없다. 항상 실천이 필요하다." 모두 실행이나 실천이 중요하다는 의미를 전하고 있다.

우리는 지금까지 행복한 가정을 만들기 위해서 '부부싸움을 잘해야 한다, 부부는 애인처럼 살아야 한다, 무조건 들어주어야 한다, 소통이 곧 행복이다.'와 같은 이야기를 해왔다. 사실 이런 이야기는 웬만한 사람들은 모두 알고 있는 내용이기도 하다. 그러나 문제는 실천하기가 쉽지 않다는 데 있다. 실천이 어려운 이유는 무엇일까? 그것이 부모의 자존감과 연결되어 있기 때문이다. 우리는 항상 우리 아이들의 자존감을 신경 쓰지만 부모의 자존감이 높으면 아이의 자존감도 높다. 상식이다. 부부가 자존감이 높으면 크게 다툴 일이 없다. 곳간이 가득 차 있는 사람은 가뭄이 오나 홍수가 지나 느긋할 수 있는 것과 같다. 곳간이 간당간당하면 마음의 여유가 없어진다. 사소한 일에도 발끈하고, 별일 아닌데도 상처를 받는다. 싸움이 끊이지 않는 것이다.

자존감이란 자아존중감의 준말이다. 자신이 사랑 받을 가치가 있는 존재이며, 무슨 일이라도 해나갈 수 있다는 믿음이다. 이러한 믿음이 있는 사람은 어떤 경우에도 '나'를 포기하지 않는다. 자존감이란 참으로 멋들어진 말이다. 하지만 인생이 자존감을 그리 쉽게 높여주던가? 삶이란 쉴 새 없는 도전과 실패의 연속이다. 자존감을 지키면서 살기가 그만큼 어렵다는 말이다. 아이 앞에서 당당한 모습을 보여주고 싶지 않은 부모는 없을 것이다. 하지만 늘 무너지고, 후회하고, 다짐하는 것이 우리 사람이다.

현재 아이의 자존감에 문제가 있다면, 부모와 아이의 관계에 문제가 있다는 반증이다. '내 탓이오!'라는 탄식만 하고 있을 때가 아니다. 어떻게 해야 아이의 자존감을 높여줄 수 있을지 궁리해보자. 이는 오로지 부모만이 해결해줄 수 있는 문제이기 때문에 결코 회피해서는 안 된다.

우선 부모 스스로 자신의 자존감이 어느 정도인지 파악해보는 것이 중요하다. 그리고 본인의 자존감이 낮다는 것을 인정할 줄 아는 용기가 필요하다. 인정하는 순간, 왜 내가 자주 화를 냈는지, 왜 사소한 것으로 부부싸움을 했는지, 왜 옳은 말인 줄 알면서도 듣기 싫어했는지, 왜 알면서도 안 했는지, 스스로 판단하고 답을 내릴 수 있을 것이다.

나의 자존감은 몇 점일까? 자존감 테스트

① 외로울 때 속마음을 나눌 수 있는 친구가 있다.

② 다른 사람들이 하는 일이라면 나는 해낼 수 있다고 믿는다.

③ 나를 알고 있는 대부분의 사람들이 나에게 호감을 가지고 있거나 나에 대해 긍정적인 평가를 내리고 있다고 생각한다.

④ 다른 사람의 칭찬을 크게 필요로 하지 않는다.

⑤ 다른 사람의 비판을 상처받지 않고 잘 받아들이는 편이다.

⑥ 나는 공개적으로 내 실수를 인정하는 편이다.

⑦ 소위 잘 나가는 사람들을 보면 부러움과 질투보다는 '나도 그렇게 될 수 있다'는 생각을 먼저 한다.

⑧ 처음 보는 사람 앞에서 쉽게 주눅들지 않는다.

⑨ 나는 현재 다른 사람들보다 행복한 삶을 살고 있다고 생각한다.

⑩ 나의 감정이나 생각하는 바를 언제나 분명하게 표현할 수 있다.

자존감 테스트의 10개 항목 중 당신은 몇 개에 해당하는가?

대략 7개 이상이면 스스로를 온전히 사랑할 줄 아는 사람이라 봐도 된다. 자존감이 높은 사람은 언제나 자신감에 넘쳐 있고 일이 잘못되더라도 쉽게 헤쳐 나간다. 이는 학교에서 배우는 능력이 아니다. 어린 시절부터 부모와 어떤 관계를 형성했느냐가 가장 중요한 변수가 된다.

만약 자신이 3~4개 정도에 해당된다면 제자리에서 불만만 토로하지 말고 현재의 모습에서 탈피하기 위해 스스로가 어떤 일을 할 수 있는지 연구해보자. 노력하지 않고 남을 탓하거나 '나는 이러니까 안 돼'라는 식의 자기 비하만 한다면 그나마 남아 있던 자존감마저 무너질 수 있다. 당신에게 지금 가장 필요한 것은 남들과의 비교가 아니라, 자존감을 높이기 위해 자신을 돌아보는 일임을 잊지 말자.

혹시 자존감 테스트에서 3개 미만에 해당된다면, 기분이 좋았다가도 금세 우울해지고 화를 잘 내는 등 감정 기복이 심한 사람일 것이다. 당신은 주변 사람들로부터 '알다가도 모를 사람'이라는 말을 자주 들을 것이다. 본인도 본인이 이해되지 않을 테니, 당연한 결과일 것이다. 또한 대인관계에 있어서도 극히 소심하여 아주 가까운 한두 명의 친구 말고는 마음을 열 수 있는 상대가 없다. 그러니 자신감이 결여되고, 그러한 자신의 모습에 애정을 느끼지 못하는 것이다.

자존감이 낮은 사람에겐 공통점이 있다. 우선 자신의 외모에 대해 불만이 많다. 자신의 몸매와 이목구비에 대해서 불만이 많고 심지어 부끄러워한다. 부모가 그러하면 아이도 그러하다. 이런 아이들은 늘 부모의 불만에 익숙하고, 자신의 결점을 찾는 것이 하나의 습관으로 자리 잡는다. 또한 EQ도 낮다. '다른 사람이 나를 어떻게 볼까?'라는 생각에만 몰두하다 보니, 타인의 마음을 이해하고 공감하는 능력이 떨어진다. 자기가 주도적으로 일을 처리하지 못하므로 자신이 속한 조직에 적응하지 못하고 갈등을 유발한다. 이런 사람들은 자녀와의 공감 능력도 현저히 떨어져, 가족 내에서도 불화의 원인 제공자가 된다.

자존감이 낮은 사람들의 또 다른 특징은 상대방의 감정을 자기 마음대로 이해한다는 것이다. 좋은 대인관계를 위해서는 다른 사람의 감정이나 상태를 이해하는 공감능력이 필수인데, 자기 생각만 앞세우다 보니 커뮤니케이션에 오류가 생기게 된다. 자신은 자녀들이 좋아할 것이라고 한 행동이 오히려 자녀들의 반발을 사는 경우가 그렇다. 공감 능력이 떨어지는 사람은 필연적으로 남의 눈치를 보게 된다. 자신의 감정보다는 상대방의 감정을 우선적으로 살피게 되고, 불필요하고 어색한 칭찬과 친절을 베푸는 것이다. 그런데 이렇게 노력했음에도 불구하고 좋은 소리를 듣지 못한다. 그야말로 악순환의 연속이다.

이런 악순환이 반복되다 보면 대인기피증이 찾아온다. 사람을 만나는 것 자체에 대해 두려움을 갖게 되는 것이다. 자신이 컨트롤할 수 없는 대상에게는 무기력증을, 조금 만만한 상대에게는 신경질적인 반응을 보이게 된다. 그런데 이런 부모의 상태가 고스란히 아이들에게 대물림이 된다. 낮은 자존감을 가진 부모는 아이들을 통해 자신을 증명해보이려 한다. 아이의 성공은 나의 성공, 아이의 실패는 나의 실패라 생각하는 것이다. 자존감이 낮은 부모가 아이의 성적에 목을 매는 이유가 여기에 있다.

자신의 기대에 부응하지 못하는 자녀를 거칠게 다루고, 심지어 학대하는 부모들이 있다. 자녀의 말을 무시하는 것은 기본이다. 배우자나 친지의 조언이나 비판도 절대 수용하지 않는다. 결국 무언가족으로 나아가는 것이다.

현재까지의 자료를 취합해 보면 대한민국 성인의 자존감은 평균 67점 정도라고 한다. 그리 낮은 편은 아니다. 만약 자존감 점수를 평균 10점만 높일 수 있다면 우리가 사는 세상은 상당히 건강해질 것이다.

노력하지 않고 남을 탓하거나 자기 비하로 일관한다면 그나마 남아 있던 사존감마저 무너질 수 있다. 여러 자료를 취합해보면 대한민국 성인의 자존감은 평균 67점 정도라고 한다. 그리 낮은 것은 아니다. 만약 이 자존감 점수를 10점만 높일 수 있다면, 우리가 사는 세상은 지금과 많이 달라질 것이다.

부모 자존감 = 아이 자존감

시조시인 이은상 선생은 생전에 이런 말을 남겼다.

"자존심이란 결코 배타가 아니다. 또한 교만도 아니다. 다만 자기 확립이다. 자기 강조다. 자존심이 없는 곳에 비로소 얄미운 아첨이 있다. 더러운 굴복이 있다."

인용한 문장의 '자존심'을 '자존감'으로 바꿔도 문제가 없다. 자존감이란 단순한 자부심이 아니라 스스로를 존중하는 마음이라는 것을 알 수 있다.

많은 교육 전문가들이 입을 모아 하는 말이 있다. 자녀교육에 있어 가장 중요한 것은 공부를 잘하고 외국어를 잘하는 것이 아니라, 자존감과 인내심을 키워주는 것이라는 얘기다. 이는 아이들의 미래와 직결되는 항목이다. 우리 아이가 자존감이 높은 아이라면 과잉보호로 야기되는 문제, 학교폭력문제, 청소년 가출 문제 등에서 상대적으로 자유로워질 수 있다. 자존감 높은 아이는 스스로를 소중하게 생각하기 때문에 함부로 일탈에 빠지지 않기 때문이다. 이렇게 자존감이 건강한 아이는 성인이 되어서 행복한 가정을 꾸리게 된다.

자존감 높은 아이로 키우는 방법은 다양하다. 자존감이 교육의 핵심으로 떠올랐기 때문이다. 이는 바람직한 현상이다. 솔직히 고백하자면 나는 아이들이 초등학교를 졸업할 때까지 아이들의 자존감에 대해서 생각해본 적도 없다. 그러니 내가 아이들에게 어떤 영향을 주었겠는가? 정말 후회막심한 부분이다.

보통 자존감은 만 2세부터 7~8세까지 부모의 양육을 통해 형성된다고 한다. 자존감의 뿌리는 학교에 가기 전에 이미 만들어진다는 것이다. 이후 학교생활 및 또래관계 속에서 조금씩 교정되거나 강화될 것이다. 이 책을 읽는 독자들 중에도 나처럼 아이들의 어린 시절에 적절히 반응하지 못했음을 후회하는 분들이 있을 것이다. 하지만 포기할 필요는 없다. 인간은 끊임없이 변화하고 발전하는 존재가 아닌가? 지금부터라도 노력하는 것이 그냥 방치하는 것보다 훨씬 낫고, 적어도 소통과 교감이라는 결과는 얻을 수 있을 것이기 때문이다.

앞에서도 이야기했지만 아이의 자존감을 높이기 위해서는 부모의 자존감을 높이는 것이 우선이다. 사실 나 역시 스스로 자존감 높이려고 많이 노력하고 있다. 가족과 소통하기 위해 온갖 방법을 다 써 보았다. 내 스스로를 돌아볼수록 내 자존감이 높지 않다는 것을 알게 되었다. 일단 나는 그 사실을 인정했다. 그리고 변할 수 있다고 스스로 믿고 있다. 나 자신에 대한 믿음이 자존감이 높아지는 첫 단계라 할 수 있다.

스스로 자존감을 높이는 방법은 아주 간단하다.

첫째는 억지로라도 자신을 사랑하는 마음을 갖는 것이다. 스스로 사랑하지 않는 사람을 어떤 타인이 사랑해줄 것인가? 자신이 자신의 가치를 인정하지 않는데 누가 나의 가치를 높여줄 것인가?

둘째는 자신을 절대 남과 비교하지 말라는 것이다. 내가 지금 부러워하는 저 사람에게도 약점이 있고, 고통이 있다고 생각하라. 저 사람도 어떤 부분은 나를 부러워할 것이라고 생각하면 마음이 편해진다.

셋째는 타인을 칭찬하는 습관을 기르는 것이다. 영국 스탠퍼드셔대학교의 제니퍼 콜 박사 팀은 '남에 대해서 좋은 이야기를 많이 하는 사람들은 그렇지 않은 사람들보다 자신에 대한 자존감이 훨씬 높다.'는 연구 결과를 밝힌 바 있다. 자신에게 없는 다른 사람의 좋은 점을 솔직하게 칭찬하는 것만으로도 자존감이 높아진다는 것이다.

넷째는 부모로서의 삶뿐만 아니라 '나만의 인생'이 있음을 잊지 말아야 한다는 것이다. 아이들에게 전적으로 매달릴 필요는 없다. 때로는 아이들에게 라면 끓여 먹으라고 하고, 영화 한 편을 볼 수도 있다. 수험생 아이가 있다고 자신의 공부를 포기할 필요도 없다. 자신을 위한 여유를 남겨둔 부모가 오히려 아이들을 더 사랑할 수 있는 법이다. 부모의 여유는 아이를 사랑할 수 있는 에너지로 전환되기 때문이다.

다섯째, 자신의 인생에 자신감을 가져야 한다는 것이다. 인생에서 실수나 실패는 당연히 딸려오는 부록과도 같다. 하지만 우리는 몇 번의 실수나 실패로 인생이 끝나는 것이 아니란 것을 경험했다. 자신의 인생을 긍정적으로 바라보고, 자신의 일에 의미를 부여하는 것도 자존감 회복에 많은 도움이 된다.

여섯째는 조금 뜬금없게 들리겠지만 운동이다. 가장 쉽게 실천할 수 있는 항목이기도 하다. 조깅이나 배드민턴 등 간단한 운동도 좋다. 그것도 여의치 않다면 팔굽혀펴기나 윗몸일으키기라도 해보자. 목표를 정해놓고 조금씩 달성함으로써 자존감이 많이 회복되는 놀라운 경험을 할 것이다. 운동을 하면 건강해지고, 외모 또한 젊어 보이게 된다는 장점도 있다. 이런 피드백이 다시 자존감을 높여주는 선순환이 시작된다. 실제 외모가 어떤가가 중요한 것이 아니다. 문제는 자신의 생각이다. 외모에 대해 자신감을 가진 사람이 대인관계를 좋은 방향으로 이끄는 것은 당연지사다.

부부는 서로의 자존감을 높여주는 파트너다. 자존감이 높은 부부는 금슬도 좋고, 자녀들에게도 좋은 영향을 미친다. 자존감 높은 부부가 되기 위한 방법을 알려줄 테니 오늘부터 실천해보기 바란다.

첫째는 칭찬이다. 상대방에 대해 하루 한 가지씩이라도 칭찬을 실천해보자. 밥상 앞에서 남편이 말한다. "오늘 찌개 죽이네! 역시 당신 요리는 최고야." 남편이 모처럼 일찍 들어오자 아내가 말한다. "여보, 당신이 일찍 들어오니까 너무 좋다." 이런 집은 행복의 아우라가 멀리 멀리 퍼져나가게 될 것이다.

둘째는 예의다. 부부처럼 격식 없는 사이에서 더 지켜야 할 것이 바로 이 예의다. 밥상에서 반찬 투정을 하는 남편에게 어떻게 반응해야 할까? "쥐꼬리만큼 가져다주고 뭘 그렇게 바라는 게 많아?"라고 하는 대신 "절약하느라고 하는데 이번 달 살림이 좀 빠듯해서 그래. 당신 고생하는데 미안해."라고 하는 편이 백 배 천 배 낫다. 전자의 말은 남편의 식욕을 단번에 사라지게 하고 혈압을 올리는 말이고, 후자의 말은 눈에서 하트가 뿅뿅 나오게 하는 말이다.

셋째, 비교는 절대 금지다. 이 순간부터 누구와 누구를 비교한다는 것을 당신의 인생에서 완전히 지워버리는 것이 좋겠다. 친구 남편, 친구 아내, 친구 처갓집, 친구 시댁, 친구 아이들과 비교하는 것은 지옥문을 여는 것과 진배없다. 차라리 남의 흉을 보는 것만도 못하다.

넷째, 공유하기다. 부부가 함께 운동을 하거나 짧은 시간이라도 내어 둘만의 데이트를 즐겨라. 특히 우리나라의 특성상 육아를 전적으로 담당하는 아내에게는 육아에서 잠시라도 벗어날 수 있는 시간이 필요하다. 남편이 이를 인정해주는 것도 아내의 자존감을 높이는 데 큰 도움이 된다.

그럼 끝으로 아이의 자존감을 높이는 방법을 알아보자. 만일 당신의 아이가 이렇게 말한다고 상상해보자.

'나에게는 단점도 있지만, 장점이 더 많아. 나는 어떤 어려운 일을 만나더라도 포기하지 않을 거야. 난 끝까지 해낼 거야. 저번에도 힘들었지만 결국 해냈잖아. 난 그런 아이야.'

이렇게 자존감이 높은 아이가 내 아들, 내 딸이라면 아마 밥을 먹지 않아도 배가 부르고 세상이 아름다워 보일 것이다. 아이의 미래가 무지개 빛깔이기 때문이다.

일본 '케이오 쌍둥이 프로젝트'는 쌍둥이의 성향에 대한 연구인데, 어떤 환경에 노출되었느냐에 따라 쌍둥이라도 자존감이 달랐다고 한다. 즉 부모와 원활한 의사소통을 나눈 아이는 자존감이 높았지만, 상대적으로 이런 부분이 결핍된 아이는 자존감이 낮았던 것이다. 특히 영유아기에 부모와의 애착관계가 잘 형성된 아이는 자존감이 높다. 아이는 자신의 욕구에 즉각적으로 반응하고 사랑스런 눈빛을 보내주며, 옹알이에 응대해주는 엄마의 모습을 보며, 자신이 충분히 사랑받고 있음을 느낀다. 그래서 아이가 태어난 후 3~5년까지는 엄마와의 밀접한 관계가 매우 중요하다. 자존감은 부모와 아이의 상호작용으로 높아지기 때문이다.

영유아기에 아이가 아무리 울어도 부모가 별 반응을 보이지 않으면, 아이는 부모에게 신뢰를 느끼지 못하고 자신을 하찮은 존재로 여기게 된다. 이런 불안한 애착관계가 아이의 자존감을 떨어뜨리는 것이다. 이런 상태로 계속 방치된 아이는 이런 생각을 하게 된다.

'나는 우리 집에 필요 없는 사람이야. 내가 공부를 못하니까 엄마 아빠도 나를 싫어해. 난 잘하는 게 하나도 없어. 지금까지 뭐 하나 끝까지 해본 적도 없어. 아마 이번에도 난 실패할 거야. 난 원래 그런 아이라고 엄마 아빠도 말했어.'

이런 아이들은 그냥 봐도 표시가 난다. 어깨가 쳐져 있고 눈빛이 초롱초롱하지 못하기 때문이다. 앞에 나서는 일을 극도로 무서워하고, 친구 관계도 좋지 않다. 그렇다고 포기하기에는 이르다. 아이에게 원인 제공을 한 부모의 노력이 있다면 아이는 자존감을 회복할 기회가 있기 때문이다. 그럼 현재 우리 아이의 자존감이 어떤 상태인지 진단해보는 것이 선행되어야 할 것이다. 만약 자존감 테스트의 항목 아래 쓰인 사례와 비슷한 행동을 자주 한다면 부모의 특별한 관심과 대책이 필요하다.

우리 아이의 자존감은 몇 점? 자녀의 자존감 테스트

① **중단하기** : 질 것 같거나 못할 것 같으면 중도에 그만두거나 포기한다.
　예) 게임을 하다가 '나 안 해!'라고 하며 나가버린다.
② **회피하기** : 실패할 것 같으면, 아예 시도를 하지 않는다.
　예) 회장 선거에 무심한 척하거나 '그런 걸 왜 해?'라고 말한다.
③ **속이기** : 정당한 방법으로 일을 수행하지 못하면 편법을 쓴다.
　예) 거짓말을 하거나 시험 볼 때 부정행위를 한다.
④ **장난치기** : 좌절감을 감추기 위해 필요 이상으로 장난을 친다.
　예) 집에서는 얌전한데 학교에 가서는 너무 까불어서 매번 혼난다.
⑤ **지배하기** : 자신이 해야 할 것을 남에게 시키는 등 늘 군림하려 든다.
　예) 자기 가방을 친구에게 들게 하거나 심부름을 시킨다.
⑥ **괴롭히기** : 자신의 불안과 두려움을 감추기 위해 남을 괴롭힌다.
　예) 친구를 때리거나 돈을 빼앗는다.
⑦ **부정하기** : 현실을 인정하지 않거나 그 중요성을 과소평가한다.
　예) 시험이 다가왔는데 어렵지 않다며 책도 펼치지 않는다.
⑧ **합리화하기** : 실패나 실수를 남의 탓으로 돌린다.
　예) 유리를 깬 것은 동생이 놀자고 한 탓이라고 주장한다.

유아기가 빈 도화지에 자존감의 밑그림을 그리는 시기라면 초등학교 시기는 지금껏 형성된 자존감이 정교화 되는 때라고 할 수 있다. 아이가 학교에 들어가면 새로운 친구들과 엄격한 규칙 때문에 자존감이 흔들리는 경우도 있다. 또 사춘기가 시작되면 감정 기복이 심해지면서 자존감 또한 혼란을 겪게 된다. 특히 이 시기는 부모에 대한 반항심과 자신의 외모에 대한 불만, 이성 친구에 대한 호기심, 학습에 대한 자신감 저하 같은 감정이 복합적으로 나타나기 때문에 자존감에 타격을 입기 쉽다.

그런데 문제는 이럴 때 부모가 나타내는 반응이다.

"그렇게 할 거면 다 때려치워!"

"공부해서 남 주니? 다 너 잘되라고 하는 말이잖아."

"넌 도대체 누굴 닮아서 그 모양이니?"

뭐 대충 이런 식이다. 부모의 이런 말들은 안 그래도 위태로운 아이의 자존감을 더 낮게 만들어 버리는 결과를 초래한다. 생각해보면, 나도 참 많이 듣고 자란 말이다. 또 "넌 커서 의사가 되어야 해.", "엄마가 이루지 못한 꿈을 네가 꼭 이루어주길 바래."라는 식으로 아이들의 미래를 한정된 틀에 가두어서도 곤란하다.

그러면 올바른 대화의 방법은 뭘까? "너한테는 누군가를 가르치는 일이 좋을 것 같은데, 네 생각은 어때? 너무 조급하게 생각하지 마, 아직 시간은 많으니까. 네가 하고 싶은 일을 찾으면 엄마 아빠가 도와줄게."와 같이 아이가 충분하게 고민을 하고 자유롭게 자신의 진로를 결정할 수 있도록 도와주는 것이 중요하다. 이런 과정을 거치게 되면 아이의 자존감이 서서히 회복되고, 자신의 미래에 대해 진지하게 고민하는 과정을 통해 스스로 원하는 삶을 꾸려갈 수 있다. 자녀의 자존감은 부모와의 관계에서 형성되고, 부모의 태도와 행동이 아이들의 자존감 높낮이를 결정한다는 것을 잊으면 안 된다.

아이가 충분히 고민하고 자유롭게 자신의 삶을 결정할 수 있도록 도와주자.

이런 과정을 거치면 아이의 자존감이 회복되고 스스로 원하는 삶을 꾸려갈 수 있다.

다시 말하지만 자녀의 자존감은 부모와의 관계에서 형성된다.

부모의 생각과 행동이 아이들의 자존감에 있어 높낮이를 결정한다고 보면 된다.

기적을 일으키는 3단계 공감대화법

소통은 하고 싶다고 되는 것이 아니다. 소통의 결과가 사랑이라면 소통의 원인은 공감이다. 토마스 만은 공감에 대해 이런 말을 남겼다. "공감이란 자아의 한계를 타파하는 의미로서 칭찬해야 할뿐 아니라 자기 보존을 위해서도 빠뜨릴 수 없는 수단이다." 공감이란 타인을 지향하는 것이지만, 결국은 자신을 위한 능력이란 얘기일 것이다.

공감을 끌어내는 최고의 방법은 단연코 '들어주기'다. 부모와 대화를 많이 하는 아이들이 문제행동을 일으키는 경우는 드물다고 한다. 사춘기 때의 일탈을 예방해주는 효과도 있는 것이다. 그렇다면 공감은 어디에서 오는가? 입 다물고 잘 들어주는 것, 판단하지 않고 그냥 상대의 입장이 되어주는 것에서 시작된다.

그러나 태어난 지 2년만 있으면 모두 배우는 '말하기'에 비해 '듣기'는 환갑이 되어서도 못 배운 사람들이 많다. 들어주기는 저절로 되는 것이 아니고 노력이 필요한 일이다. 그리고 노력의 대가는 상상 이상이다. 내 아이가 행복해지고 자존감이 높아지며, 우리 집이 행복해지는 것이다.

지금부터 공감대화법이 뭔지 알아보겠다. 나도 그렇지만, 많은 부모들이 '입과 머리가 다르게 움직인다.'고 말한다. 아이가 문제행동을 하는 이유는 대부분 관심을 받고 싶다는 의사 표시다. 그런데 아이가 문제행동을 할 때 부모의 마음과는 다르게 입에서 나오는 말들은 정해져 있다.

"내가 너 때문에 못 살아!"

"도대체 뭐가 불만이야?"

"보나마나지 뭐."

이런 말들이 나오는 순간, 공감대화는 물 건너간다. 공감대화는 3단계로 해야 하는데 경청 → 공감하기 → 말하기의 순이다. TV를 보면서, 혹은 콩나물을 다듬으면서 건성으로 아이의 말을 들어주어서는 안 된다. 하던 일을 멈추고, 아이와 눈을 맞추어야 한다. 이는 부모가 자신의 말을 소중하게 생각한다는 표시이다. 가끔 고개를 끄덕이거나 추임새를 넣어주는 리액션이 더해지면 금상첨화다. 표정도 풍부하게 하고, 감탄사를 집어넣는 것도 좋다. "그랬구나! 정말? 대단한데! 와우!" 등의 감탄사는 대화를 생동감 넘치게 만들고, 화자의 말을 더 많이 끌어내는 효과가 있다.

또한 아이가 하는 말을 절대 중간에 자르지 않아야 한다.

"오늘 친구가 내 연필을 가져갔는데……"

"뭐 빼앗아갔다고?"

"아니, 친구가 필통을 안 가져왔다고 해서……"

"근데 너 숙제는 했니?"

이런 식으로 말을 자르다 보면, 어느 순간 아이들이 입을 닫아버린다. 밖에 나가서는 말을 잘하는데 집에만 오면 과묵한 아이가 탄생하는 것이다. 이런 성향은 어른이 되어서도 달라지지 않는다. 따라서 잘 듣고 끝까지 들어야 한다. 설사 아이가 잘못을 한 게 확실하더라도 아이에게 추궁하고 싶은 마음을 참고 끝까지 들어야 한다. 가끔은 시시콜콜한 이야기, 쓸데없는 이야기, 주제와 상관없는 이야기를 들어야 할 때도 있다. 이치에 맞지도 않는 엉뚱한 이야기를 듣는 것은 정말 힘든 일이다.

이럴 때 종교가 있는 분이라면 우리의 말도 안 되는 기도를 들어주시는 신을 떠올리자. 신은 말도 안 되는 소원을 빌라고도 하지 않고, 시시한 이야기는 하지 말라고도 않는다. 만약 신이 핀잔을 주고 비아냥거린다면, 아무도 기도하러 가지 않을 것이다. 아이들도 마찬가지다. 무조건 들어주는 신의 관용이 우리를 신 곁으로 이끌 듯, 부모의 관용이 아이들을 부모 옆으로 불러들인다. 이것이 경청의 힘이다.

자, 연습문제 나간다. 학교에서 돌아온 아이가 뾰로통해서 이렇게 말한다. "선생님은 나만 미워해." 부모는 어떻게 반응해야 할까? 4가지 중에서 골라라.

① 아니야. 선생님이 널 얼마나 예뻐하시는데, 네가 잘못 안 거야.

② 네가 장난치니까 그렇지. 얌전히 공부 잘하면 다시 좋아하실 거야.

③ 너 또 무슨 말썽을 피운 거야?

④ 그랬구나. 속상했겠다. 사실 엄마도 너만 했을 때, 그런 적이 있었어. 그런데 사실은 엄마가 잘못 알고 있었더라고. 사실은 선생님이…….

짐작했겠지만 정답은 4번이다. 이런 대화 방식을 'YES-BUT 화법'이라고 한다. 우선 'YES'로 아이의 의견을 존중해주고 'BUT'의 논리를 끄집어내는 방식이다. 아이는 자신의 생각이 존중받았다는 생각을 하므로 부모의 의견을 수용하는데 거부감이 없다.

이런 대화 방식이 또 하나 있는데, 아이의 감정에 상처를 주지 않고 부모

그랬구나

의 의사를 효율적으로 전달할 수 있는 화법이다. 주어를 '너'에서 '나'로 바꾸는 것이 이 화법의 핵심이다. "넌 누굴 닮아 그 모양이니?"라고 하기보다는 "네가 거짓말하는 것을 보니 엄마는 속상하고 걱정된다(판단이 배제되어 있다)."라고 하는 것이다. "넌 참 똑똑한 아이야."라기보다는 "네가 상식이 풍부해서 엄마는 너무 자랑스러워(판단이 배제되어 있다)."라고 말하는 방식이다.

또 아이에게 질문할 때는 '왜?' 보다는 '어떻게?'로 시작하는 것이 좋다. "왜 숙제 안 했니?"와 "어떤 이유로 숙제를 못 했니?"는 엄청난 차이가 있다. '안 했니?'와 '못 했니?'의 차이도 분명하다. 앞의 말에는 비난하는 느낌이 담겨 있고, 뒤의 말에는 어떤 이유가 있었을 것이라는 동조의 느낌이 담겨 있다. '왜'는 결과만 놓고 잘잘못을 따지는 것이어서 아이를 불편하게 만든다. '어떻게'는 과정을 묻는 질문이므로 아이가 좀 더 편안하게 대답할 수 있다.

아이와 말할 때는 조직에서 사용하는 지시형 말투를 쓰지 말자. 그리고 잘못은 짧게, 장점은 길게 말하는 것이 중요하다.

"또 게임 하고 있어? 내가 못 살아. 넌 어쩜 내가 잠시 한눈만 팔면 딴 짓이니? 너 내년엔 중학생인데 이러다 서울에 있는 대학이나 가겠어? 게임 하지 말라고 엄마가 몇 번이나 말했어? 너 기말고사 성적도 다 게임 때문에 떨어진 거야. 아, 그리고 너 어제 학원 왜 빠졌어? 넌 도대체 말이야……."

엄마의 잔소리는 한 편의 대하소설이다. 아이의 문제 지적부터 시작해서 자신의 신세 한탄으로 넘어가더니 미래 전망과 현실 분석, 과거 회고를 하고 부록까지 덧붙인다. 그런데 문제는 이렇게 긴 잔소리는 오히려 역효과를 낸다는 것이다.

"게임 그만하고 책 읽자."라고 짧게 한마디 하는 것이 좋다. 단 부모님도 책을 보거나 뭔가 다른 의미 있는 일을 해야 한다. 부모는 TV를 보면서 아이들에게 게임을 못 하게 하는 것은 삼가는 것이 좋다.

5분 침묵대화법도 있다. 누군가에게 말을 하기 전에 5분만 기다렸다가 말을 한다면 소통이 보다 잘 이루어진다는 것이다. 대개 사람들은 생각나는 대로 말을 뱉는다. 그런 말들이 상대에게 상처를 주고, 상처는 반발을 불러오고, 반발이 다시 반발을 불러온다. 결국 모두가 상처투성이가 된다. 공감이 선행될 때 가족 소통의 대문이 크게 열린다는 점을 명심하자.

공감대화법은 3단계로 구성되어 있다. 경청 → 공감하기 → 말하기의 순서이다.

먼저 아이들의 이야기를 경청할 때에는 하던 일을 멈추고, 아이와 눈을 맞추어야 한다.

이는 부모가 자신의 말을 듣고 있다는 것을 알려주는 표시이다. 가끔 고개를 끄덕이거나,

추임새를 넣는 리액션까지 해주면 더 좋다.

04
그놈의 명절이 문제다

어느 날, 지인의 아내가 이런 말을 하더란다.

"오늘 텔레비전 뉴스에서 봤는데, 이혼율이 가장 높은 것이 결혼 11년 차래. 내 생각에는 결혼 10주년 때 기념행사나 기념여행을 치르지 않아서 1년 내내 싸우다가 이혼을 많이 하는 것 같아."

당시 지인 부부는 결혼 11년차였는데, 방심하다가 결혼 10주년 기념행사나 여행을 무심코 넘겨버렸다는 것이다. '아차' 싶었던 지인은 회사에 휴가를 내고 아내와 제주도로 기념여행을 떠났다고 했다. 지인은 기념여행을 가고 싶었던 아내가 에둘러서라도 얘기를 해주어 고마웠다고 했다. 여행을 다녀온 후 아내와의 관계도 더 돈독해졌다고 한다.

통계청이 발표한 '최근 5년간 이혼 통계'를 보면 설과 추석을 지낸 직후인 2월과 3월, 10월과 11월의 이혼 건수가 다른 달보다 평균 11.5% 가량 많았다고 한다. 결혼 후 명절을 수십 번 보낸 나로서는 그 통계 결과가 별로 놀랍지 않다. 충분히 그럴 수 있다는 생각이 든다. 어린 시절, 가슴 두근거리며 기다리던 명절은 이제 없다. 해마다 어김없이 찾아오는 명절이 모든 사람들에게 '고통의 회오리'가 된 지 오래이기 때문이다. 차라리 명절이 없는 편이 훨씬 낫겠다는 생각이 들 정도다.

그러나 명절이 당분간 없어질 것 같지는 않다. 이제는 그저 견디기만 해서는 안 된다. 이 고통의 회오리를 슬기롭게 대처해 그 고통을 줄일 수 있는 방법을 찾아야 할 때다.

우선 명절증후군이란 놈의 실체부터 알아보자. 명절증후군은 추석이나 설을 앞두고 생기는 스트레스로 인한 여러 가지 증상을 말한다. 주로 대한민국 주부들에게 나타나는 심인성 질환이고, 우리나라에만 나타나는 문화 현상이다. 대표적 증상은 두통, 두근거림, 어깨 결림, 변비, 복통, 요통, 관절 통증이다. 명절 이틀 전과 명절 이틀 후가 가장 심하므로 남편은 특히 이 시기를 잘 보내야 한다.

명절증후군의 원인은 명절 노동이 과도하게 여성에게 집중되어 있고 명절 문화 자체가 남성 편향적이기 때문이다. 남편들은 이상하게도 명절만 되면 가부장적으로 변하고 효자로 빙의한다. 아내에 대한 배려와 이해가 우선되어야 명절증후군을 끝낼 수 있다. 또한 명절에 대한 인식 자체를 바꿀 때도 되었다.

명절은 좋은 의미에서 만들어진 것이다. 설은 한 해를 여는 행사이고 추석은 힘든 농사일을 무사히 끝낸 것을 기념하는 행사다. 명절은 한 민족, 한 국가와 함께 지속되어온 역사와 문화의 결정체다. 그런데 명절이 지속되기 위해서는 시대에 맞게 조금은 바뀌어야 할 필요가 있다. 명절만 되면 나 몰라라 하는 남편들도 있지만 최근 젊은 남편들 중에는 명절 노동을 분담해주는 이들이 늘고 있다. 남편이 도와줄 수 있는 분야는 장보기, 전 부치기, 설거지 등이다. 한 시간만 전을 부쳐봐라. 무거운 장바구니를 들고 조금이라도 더 싸게 사려고 시장을 누비는 주부들의 장보기 전쟁을 한 번만이라도 경험해봐라. 아내와 어머니들이 왜 그렇게 명절을 싫어했는지 알게 될 것이다.

여성들의 명절증후군은 절대 꾀병이 아니다. 아내들이 일하기 싫다는 것도 아니다. 이왕이면 칭찬 받으면서 기분 좋게 하고 싶다는 것이다. 하지만 어른들은 변화하기가 힘들다. 시어머니, 시아버지에게 며느리 칭찬 좀 해주라는 소리를 할 수는 없다. 현실적으로 변화 가능한 남편들이 애써야 한다. 남편들은 부모님보다는 아내 편에서 생각해야 한다. 욕먹을 소리지만 툭 까놓고 말해서 우린 부모님보다 아내하고 더 오래 산다. 명절을 앞두고 남편들이 흔히 하는 말이 있다. 1년에 딱 2번뿐인 명절, 그저 참고 묵묵히 일하라는 것이다. 아내의 입장에서 보면 정말로 염장 지르는 말이다.

말로 상처를 입으면 속에 분노가 쌓인다. 그리고 쌓인 것은 언젠가 반드시 터지게 되어 있다.

해야 할 말
고마워. 수고했어. 맛있어.

하지 말아야 할 말
1년에 딱 2번뿐이야. 당신이 참아. 우리 집은 원래 그래. 당신이 뭘 했다고 그래? 시어머니한테 좀 배워. 딴 집 며느리들도 다 하는 일이야. 당신이 맏며느리잖아. 어머니 비위 하나 못 맞춰?

주부들의 명절 스트레스에 관련된 자료에 의하면 명절 스트레스의 원인은 음식 장만 47%, 시댁 관련 15%, 선물 장만 17%의 순이었다. 또 '명절 스트레스를 어떻게 푸는가'라는 질문에는 혼자서 해결한다 70%, 가족과 함께 한다 16%, 가사 분담을 통해 해결한다 6%로 주부 혼자 스스로 해결한

228

다는 응답이 많았다. 이 자료에 명절을 어떻게 마무리할 것인가에 대한 답이 숨어 있다.

일에 지친 여성들이 심신을 추스를 수 있는 몇 가지 이벤트가 있으면 좋겠다. 예를 들어보자. 명절 지내고 집에 돌아온 후 일주일간을 '아내 주간' 혹은 '엄마 주간'으로 정하자. 그 기간 동안은 남편과 아이들이 청소와 설거지를 도맡아 해준다거나, 저녁은 외식을 한다거나, 아내에게 마사지샵 쿠폰을 선물한다든지, 가족끼리 영화, 전시회 관람 등 문화생활을 즐긴다든지, 다양한 아이디어를 낼 수 있겠다. 누구는 현금이나 명품 백, 보석이 더 좋지 않겠냐고도 할 수 있다. 물론 물질적인 선물도 효과가 있겠지만 가족의 관심과 배려가 주는 진정한 힐링에는 못 미칠 것이다.

명절에 지친 아내와 엄마를 위로하고 배려하는 우리 집만의 전통을 만들어가는 것이 필요하다. 그런데 사실 이미 이렇게 하는 집들도 많다. 명절 후에는 동네 음식점이나 찜질방에 사람들이 북적인다. 스스로 그런 문화를 만들어 가고 있다는 반증이다. 뒤풀이 문화가 있는 집들은 아마 명절 증후군이 없거나, 가볍게 앓고 넘어갈 확률이 높다.

사람들은 가족소통 전문가인 내가 명절을 어떻게 보내는지 궁금해 한다. 나도 다른 남편들과 다르지 않다. 아내와 같이 장을 보고, 전을 붙이고, 양가 선물을 고르고, 본가에 가서 차례를 지내고, 처가로 가서 우두커니 앉아 있다가 모처럼 친정엄마를 만나 즐겁게 얘기하는 아내를 재촉해 집으로 돌아온다. 아내에게 미안한 마음이 있었던 나는 올해부터 친정에서 하루 더 머물다 오자고 했다. 아내는 그럴 것까지는 없고 저녁 먹고 좀 늦게 가자고 해서 순순히 그러자고 했다. 명절 스트레스는 심리적인 측면이 강하므로 아내가 원한다면 친정집에서 가급적 오래 머무르도록 해주자. 사위들은 보통 처가에 가면 꿔다놓은 보릿자루가 된다. 말을 하기도, 말을 안 하고 앉아 있기도 불편하다. 하지만 그야말로 1년에 딱 두 번인데 조금 참자. 처가 식구들과 노래방이라도 다녀오고, 장인 장모 어깨도 좀 주물러 드리자. 어쩌면 이런 것들이 명품 백과 보석을 사주는 영혼 없는 마무리보다 더 효과가 클 수도 있다. 아무튼 명절 마무리의 포인트는 아내의 기분을 최대한 풀어주는 것이다.

명절을 쇠는 방식을 점진적으로 바꿔나가는 것도 필요한데, 이는 남편이 주도해야 한다. 예를 들어 식구들이 모두 모여 있을 때 제사음식을 간소하게 하자는 건의를 하는 것이다. 전의 가짓수를 줄이자, 명절음식을 형제들이 분담해 직접 만들어오자, 식혜나 물김치 등 손이 많이 가는 음식은 사서 하자 등등이 될 것이다. 이렇게 되면 '누가 일찍 오네, 누가 일을 많이 하네'와 같은 갈등이 사라진다.

세상에 공짜는 없다. 노력하는 남편이 아내에게 사랑받는다. 생각을 유연하게 하면, 명절에 해야 한다고 정해진 것들을 꼭 해야 하는 것은 아니다. 명절노동이 여자들만의 몫이 되어서도 안 된다. 이것은 없어져야 할 악습이다. 부모님을 설득할 수 있으면 설득해야 한다. 그래야 남자들도 명절증후군에서 자유로울 수 있다.

사실 명절증후군이 여성들에게만 나타나는 증상은 아니다. 남편들도 명절증후군을 겪는다. 남자들의 입장을 대변해 한마디 하자면, 남자들도 명절이 없었으면 하는 생각이 들 때가 많다. 명절이 가까워올 때부터 아내 눈치를 봐야 하고, 부모님 눈치 봐야 하고, 처갓집 눈치 봐야 한다. 장시간 운전해야 하고 고향 가면 친척들에게 비교 당해야 한다. 집에 와서는 돌아누운 아내가 왜 화가 났는지 곰곰이 되짚어봐야 한다.

나는 명절 휴가를 마치고 집으로 돌아오면 아내와 함께 영화를 보고 외식을 한다. 아니면 남은 명절 음식 싸들고 북한산에라도 간다. 그리고 실컷 수다를 떤다. 남 흉보면서 스트레스를 푼다. 이런 과정은 반드시 필요하다. 명절은 또 돌아오니까.

부모님들에게도 명절증후군이 있다. 자식들이 북적거리다 갑자기 썰물 빠지듯이 빠져나가면 마음이 더 공허한 것이다. 든 자리는 몰라도 난 자리는 안다는데 손자손녀들이 얼마나 눈에 밟히겠는가? 아들놈 하루라도 더 보고 더 먹이고 싶은데, 친정 가고 싶어 엉덩이가 들썩거리는 며느리 눈치를 봐야 한다. 살아서 볼 날이 몇 날인지도 모르는 자식들에게 "차 막히기 전에 어서 올라가라."고 말하는 부모님 마음도 편치 않다. 이런 부모님들의 허전한 마음을 위로해주는 것은 안부 인사가 최고다. 자주 전화를 드려 안부를 묻고, 아이들과도 통화하게 해드리면 부모님 마음의 빈자리가 조금은 채워지지 않을까?

온 가족이 모이는 명절에는 분란이 일어날 소지가 많다. 그 결과 축제가 되어야 하는 명절이 상처만 남기고 끝나는 것이다. 사실 친척이라고 해서 항상 반가운 것은 아니다. 어린 시절, 즉 과거를 알고 있다는 것이 의도하지 않게 상처를 줄 수도 있다. 그러니 입을 조심해야 한다. 우리는 최대한 '상처 주지 않는 대화법'을 구사해야 한다.

명절은 선물로 시작한다고 해도 과언이 아니다. "이번 설에는 지난번에 사온 건 사오지 마라.", "또 이거야?"라는 말을 하면 안 된다. 설마 면전에서 이런 말을 하겠는가 싶지만 의외로 많다. 자신도 모르게 엉겁결에 불쑥 나온 말 때문에 명절이 시작되자마자 분위기가 엉망이 된다. 형식이 내용을 지배한다는 말이 있다. 빈말, 거짓말이 필요할 때가 있다. "다음부터는 그냥 오거라. 오는 것만도 고마운데.", "저번에 보내준 사과 참 맛있더라."라고 말하자. 말 한마디로 천 냥 빚 갚고, 말 한마디로 명절을 상큼하게 시작할 수 있다.

명절은 음식으로 시작해서 음식으로 끝난다. 그런데 중요한 것은 음식의 가짓수와 맛이 아니라 정성이라는 것이다. 그걸 잊으면 안 된다. 그런데 "잡채가 불었어.", "동태전이 퍽퍽하네.", "국의 간은 누가 맞췄어? 너무 짜."라며 음식을 타박하면 음식 만든 사람은 열을 받지 않을 수 없다. 특히 그런 말을 하는 사람이 일 안 하는 시댁 식구일 경우엔 화가 더 증폭된다.

친척집을 방문했을 때도 이런 룰은 지켜야 한다. 맛있는 건 '맛있다' 하고 맛없는 것도 '맛있다'고 하라. 제발 부탁한다. 칭찬은 타이밍을 잘 맞추어 과하지 않은 선에서 계속하는 것이 좋다. 밥상에서는 "역시 형수님 잡채가 최고네요.", "동태전은 제수씨가 만든 게 제일 맛있어요."라고 하자. 다 먹은 후에는 "음식 장만하시느라 고생하셨어요. 다음부터는 우리도 음식 가짓수를 줄여야겠어요.", "다음에 제가 밖에서 맛있는 거 대접할게요."로 마무리하는 것이 좋다. 더불어 음식은 남녀노소 공히 같은 상에서 같이 먹는 것이 좋겠다. 사위의 입장이든 아들의 입장이든, 어머니와 아내가 올 때까지 기다리자. 그들과 함께 식사하자. 이런 문제는 남성들이 해결해야 할 문제다.

이와 더불어 친척 조카들에게 아무 질문이나 던지지 말자. 궁금한 것이 있으면 명절 전에 미리 전화해서 개별적으로 물어보는 것이 좋겠다. 아이들도 대답하기 싫은 것이 있다. 눈치 없이 모두 있는 자리에서 "대학은 어떻게 됐냐?", "아직도 취직을 못 했냐?", "결혼은 안 하냐?", "아이는 왜 안

갖냐?" 등을 물어보는 사람들이 있다. 제발 그 입 좀 다물라. 상대를 더 열 받게 하는 것은 그렇게 묻는 사람의 대다수가 평소에는 관심도 없다가 그런 질문을 툭 던진다는 것이다. 이런 행위는 분란 조장 행위와 다를 바 없다. 할 말 없으면 입 다물고 TV나 보시라. 그래도 굳이 관심을 표현하고 싶다면 예민한 주제와 관련 없는 어린아이들을 칭찬하자.

얼마 되지 않는 시간이지만 친척들과 별 탈 없이 지내고 싶다면 절대 가르치려 들지 말아야 한다. 특히 '요즘 아이들, 요즘 며느리들'을 들먹이거나 "세상 좋아졌어. 나 옛날에는 말이야……"라는 식의 말은 아예 꺼내지도 마라. 자기 부모가 하는 소리도 듣기 싫어하는 세상이다. 겉으로는 듣는 것 같지만 속으로는 욕한다.

그리고 앞에서도 말했지만 비교하는 말은 당연히 금물이다. 특히 가족 간, 친척 간에 비교하고 우열을 가린다는 것은 싸우자는 말이나 다름없다. 사랑받고 싶은가? 존중받고 싶은가? 그렇다면 상대방이 사랑과 존중을 할 수 있는 말을 사용하자.

명절증후군의 원인은 명절 노동이 과도하게 여성에게 집중되어 있고
명절 문화 자체가 남성 편향적이기 때문이다. 남편들은 이상하게도 명절만 되면 가부장적으로
변하고 효자로 빙의한다. 아내에 대한 배려와 이해가 우선되어야 명절증후군을 끝낼 수 있다.

05

시집 트라우마,
처갓집 스트레스

고부갈등은 대한민국 드라마의 단골 소재이다. 비단 우리나라뿐 아니라 인류 공통의 문제이기도 하다. 고부갈등은 두 문화의 충돌로 시작된다. 물론 문화 차이에는 세대 차이도 포함되지만 각자 살아온 집안 고유의 문화가 충돌하는 것이 가장 큰 문제다. 전통문화에서는 시어머니와 며느리의 계급이 다름을 인정하고 있다. 갑과 을의 관계라고나 할까. 그러나 현대에 들어와서 이런 부분은 인식이 많이 바뀌고 있다.

최근 미국 위스콘신 대학 커뮤니케이션학과의 연구 결과에 따르면 133

명의 신혼여성을 대상으로 조사한 결과 대부분이 시어머니와의 관계에 대해 고민하고 있다고 한다. 시어머니가 자신에 대한 험담을 하거나, 자신들의 일에 간섭한다는 것이다. 며느리가 시어머니를 본능적으로 싫어하는 이유는 시어머니를 미워하는 친정 엄마를 보고 자랐기 때문이라는 연구 결과도 있다. 그렇다면 고부갈등엔 어느 정도 트라우마가 작용하고 있다고 볼 수 있다.

시어머니는 결혼 후 아들을 만날 기회가 줄어들까 걱정하고, 며느리가 아들을 구박하지나 않을지, 잘 보살펴 줄 수 있을지에 대해 불안해한다. 며느리나 시어머니나 한 남자를 사랑한다는 면에서는 같은 마음인데, 이것이 오히려 갈등을 심화시키는 원인이 되는 것이다. 예를 들어보자. 시어머니의 생각이다. "내 아들은 내가 제일 잘 알아. 그 아인 이런 음식과 이런 옷을 좋아해." 이번엔 아내의 생각이다. "어머니가 잘못 알고 계신 거야. 사실 남편은 저런 음식과 저런 옷을 좋아해."

이렇게 갈등이 시작될 때 남성의 역할이 매우 중요한데, 대부분의 남성은 자기방어 본능이 발동하여 도망가거나 회피하는 행동을 함으로써 갈등을 더욱 증폭시킨다.

최근 장서갈등이 사회문제로 대두되고 있다. 사위는 백년손님이니, 사위가 오면 씨암탉을 잡는다느니 하는 말들이 있었으나 요즘은 꼭 그렇지도

시어머니 유형

① 금쪽같은 내 아들, 아들집착형 시어머니

② 배운 척, 아는 척, 있는 척하는 엘리트형 시어머니

③ 아들 속옷까지 챙기는 애정과잉, 헬리콥터맘형 시어머니

④ 다른 집 며느리와 비교하는 비교형 시어머니

⑤ 말로 상처 주는 가위손형 시어머니

⑥ 아들 가정사에 감 놔라 배 놔라 하는 간섭형 시어머니

⑦ 사돈 집안을 무시하는 발언을 자주 하는 태클형 시어머니

며느리 유형

① 친정 식구들, 친구들에게 시댁 험담하는 루머 유포형 며느리

② 아들 있을 때와 없을 때, 시부모 대하는 것이 다른 이중성격 며느리

③ 배운 척, 아는 척, 있는 척하고 참견하는 엘리트형 며느리

④ 사사건건 친정과 시댁을 비교하는 비교형 며느리

⑤ 남편과 시어머니의 말을 서로에게 옮기는 이간질형 며느리

⑥ 불만이 있으면 입을 닫아 버리는 침묵형 며느리

⑦ 아이들과 시부모 사이를 가로막는 단절형 며느리

않은 것 같다. '씨암탉 잡던 장모가 이제는 사위 잡는다.'라는 말이 나올 정도다.

한 결혼정보회사에서 기혼남자 300명을 대상으로 설문조사를 실시했다고 한다. '당신도 장서갈등을 겪고 있는가?'라는 질문에 34%가 '그렇다'라고 답했으며 장서갈등의 대책 1위(43%)는 '최대한 보지 않는다'라는 답이었다. 처가와는 가능한 멀리 떨어져 살고, 가능한 한 자주 대면하지 않는 것이 대책이라니 씁쓸할 따름이다.

통계청 자료를 살펴보면 처가살이하는 남성이 1990년 1만 8천 명에서 2010년 5만 3천 명으로 약 3배 가까이 늘었다고 한다. 통계적으로도 장서갈등이 유발될 가능성은 점점 더 커지고 있는 것이다. 실제로 '장서갈등으로 부부 사이가 나빠졌다'고 답한 남성이 55%에 달했고, 35세 미만 남자의 이혼 사유 1위가 장서갈등이라고 한다. 반면 여성의 경우 '시댁과의 갈등'은 이혼 사유 3위여서 장서갈등의 문제가 고부갈등 못지않음을 짐작할 수 있다.

장서갈등이 심해지는 이유는 본질적으로 고부갈등과 같다. 자식에 대한 과도한 집착과 높은 기대수준, 결혼한 자식에 대한 간섭이 그것이다. 게다가 사회적인 변화도 갈등의 한 축이 된다. 전통사회에서는 장모와 사위의 관계라는 것이 문제가 될 것이 없었다. 남자가 전적으로 가족을 부양하는 체제에서 장모가 사위에게 딴지를 거는 것은 쉽지 않은 일이었기 때문이다. 그러나 여성의 권리가 강화되고, 여성의 경제적 능력이 향상됐다. 한마디로 맞벌이 부부가 증가하면서 같은 비율로 육아를 담당하는 장모가 늘어났다. 장모와 사위는 자주 마주칠 수밖에 없는 사이가 된 것이다. 사람이 자주 보게 되면 서로 정도 들고 이해도도 높아졌으면 좋으련만, 사실은 그 반대인 경우가 많다.

사위들이 장서갈등의 원인으로 꼽는 것을 살펴보자. 1위는 '도가 지나친 간섭(56%)', 2위는 '무시하는 태도(35%)'이다. 사실 사위의 귀가시간이나 가사분담, 취미생활까지 간섭하는 장모들이 늘어나고 있다. 사위를 아들 대하듯이 혼내는 경우도 있다. 장모들은 자기 딸을 무시하거나, 딸만 부려먹거나, 시댁과 처가를 차별할 때 사위가 밉다고 한다. 앞으로 우리나라도 고부갈등보다 장서갈등으로 고민하는 가정이 늘어날 것으로 전망된다. 이에 대한 대책을 미리 마련해두는 것이 좋을 것이다.

고부갈등과 장서갈등을 방지하기 위한 첫 걸음은 예의다. 엄마 같은 시어머니, 엄마 같은 장모는 존재할 수 없다는 것을 인정하자. 너무 스스럼 없이 서로를 대하다보면 실수를 할 여지가 많기 때문에 며느리가 시댁에서 어느 정도의 예절을 갖추듯이 사위와 장모도 어느 정도의 예절을 갖추는 것이 좋다고 본다.

자, 그럼 지금부터 고부갈등을 해결할 방법을 생각해보자.

첫째, 며느리가 어머니의 질투를 이해하도록 노력한다.

지금 당장 고부갈등을 겪고 있는 며느리라면 나를 미워하는 시어머니에게 좋은 감정을 가질 수 없다. 하지만 그 며느리도 20~30년 후엔 시어머니가 되어 있을 것이다. 똑같이 아들을 가진 엄마의 마음이 되어 시어머니를 바라보면 조금은 이해하는 마음이 생기지 않을까. 여자의 적이 여자가 되는 사회 분위기는 어떻게든 바뀌어야 한다.

미련한 남성은 갈등이 일어나면 거의 자기 어머니 편을 든다. 자신의 어머니가 약자라고 판단하기 때문이다. 이럴 경우 아내는 남편에게 섭섭함을 넘어서는 분노를 느낀다. 편 가르기를 한다고 생각하는 것이다. 하지만 이것은 정말이지 오해다. 남성은 여성들 사이에서 벌어지는 미묘한 감정의 대립을 이해할 정도로 진화하지 못했다. 그러나 이것이 핑계는 될 수 없다. 진화를 못했으면 공부를 해야 한다.

시어머니와 며느리가 중심인 고부갈등에는 남편이자 아들이 존재하고, 장모와 사위 사이에는 딸이자 아내가 존재한다. 이것은 일종의 삼각관계다. 남자는 어머니 편을 들어서 아내와 대립각을 세울 수 있고, 아내 편을 들어서 어머니와 대립할 수도 있다. 이때 현명한 남자라면 중간자 혹은 아내 편을 들어야 한다. 둘 사이에서 실질적 충돌이 벌어졌을 때는 중간자의 입장에 서야 한다. "두 사람 때문에 내가 너무 힘들다. 다 내 잘못이다. 그러니 제발 그만 하자."라고 말하는 게 중간자의 입장이다.

아내의 편을 들 때는 어영부영 하지 말고 확실히 해야 한다. 어떤 남자들은 어머니 앞에서는 어머니 편을, 잠자리에 들 때는 아내 편을 들라고 하지만 이것은 근본적인 해결책이 아니고 분란을 일으킬 소지가 있다.

아내 편을 들어야 할 이유가 있다. 당장에는 어머니가 섭섭하게 느끼겠지만 장기적으로는 모두가 행복해지는 방법이기 때문이다. 어머니 편을 들면 고부갈등은 계속되고 부부 사이는 계속 악화된다. 심지어 아내의 입에서 "나야, 어머니야? 둘 중에 하나를 선택하라고!"란 말이 나온다. 이런 말이 나오면 수습 불가다. 그러나 아내 편을 들면 어머니는 섭섭한 마음을 품고 아들 내외에 대한 지나친 관심을 끊게 될 것이다. 남편이라는 든든한 원군을 얻은 아내는 어머니를 잘 모실 가능성이 높아진다. 이런 전략은 서로를 이해할 수 있는 시간을 벌어주는 의미도 있다. 서로 갈등을 중단하고 바라보면 화해의 여지가 높아진다.

아내 편을 드는 아들을 바라보는 어머니의 가슴엔 상처가 생길 것이다. 아들이 평소에 어머니를 힐링해 줄 수 있는 대처를 잘해야 한다. 아내와 어머니 사이에서 남자가 말 한마디 잘못하면 남아 있던 불씨가 바로 점화된다. 어머니도 여자이므로, 자신의 입장을 아들이 이해해준다고 생각하면 분노가 가라앉고 태도가 유연해진다.

어머니를 대상으로 한 아들의 멘트는 이런 것이어야 한다.

"그런 일이 있었군요. 어머니 입장에서는 충분히 섭섭하시겠네요." "어머니 속상한 마음 이해가 됩니다. 제가 잘 처신했어야 하는데요." "아니, 그 사람이 그런 말을 했어요? 어머니 정말 화나셨겠네요. 제가 잘 타이르도록 하겠습니다." "그런데 어머니 한 가지만 부탁드릴게요. 화나시더라도 심한 말은 좀 참아주십시오. 어머니 본심은 그렇지 않은데 괜히 오해가 생길까봐 그래요. 집사람에겐 제가 다시 말할게요."

반대로 아내에게는 이렇게 말해야 한다.

"어머니 때문에 많이 힘들지? 당신이 얼마나 억울할지 알 것 같아." "어머니도 나이 드시니까 어린아이 같아지시네. 당신이 조금만 이해해주면 안 될까?" "사실은 어머니도 너무 심했다고 생각하셔. 어머니께 앞으론 조심해 달라고 말했으니까 이젠 조금 달라질 거야."

위의 말들의 공통점은 절대 단정하지 않는다는 것이다. 잘잘못을 따지거나 평가하려 들면 안 된다. 상대의 감정을 인정하고, 부탁하는 형태의 문장이 효과를 발휘한다. 이는 고부갈등, 장서갈등 모두에 해당하는 이야기다. 참 살기 힘들다. 아들로 남편으로, 아내로 딸로서 사는 것이 점점 힘들어지는 세상이다. 그러나 우리는 어떻게든 살아내야 한다.

부모 모시고 자식 키우고 세금 내며 살아가는 당신에게 정말로 감사드린다. 당신들이 우리 사회의 기둥이고 애국자다. 세상은 정말 너무 빨리 변화하고 그에 따른 갈등은 점점 늘어나고 있다. 이것이 한 개인만의 문제였다면 버티기가 더 힘들었을 것이다. 같은 고민을 하는 사람이 많다는 사실은 그나마 위로가 된다. 그리고 당신의 고민을 이해하고 있는 나 같은 사람이 있다는 것도 아주 아주 작은 위로가 되었으면 좋겠다.

힘내시라! 어쨌든 결말은 해피엔딩일 테니까!

미국 위스콘신 대학에서 133명의 신혼 여성을 대상으로 연구한 결과에 따르면
대부분이 시어머니와의 관계에 대해서 고민하고 있다고 한다. 시어머니가
자신에 대한 험담을 하거나, 자신들의 일에 간섭한다는 것이다. 이럴 때 남편은
아내 편을 들어야 한다. 당장에는 어머니가 섭섭해 하시겠지만,
장기적으로 모두가 행복해지는 방법이다. 어머니 편을 들면
고부갈등은 계속되고 부부 사이는 계속 악화될 것이다.

1. 가족의 자존감이 행복을 부른다.

2. 자존감이 높은 부부는 다툴 일이 없다. 긍정적인 마인드가 정착되어 있기 때문이다.

3. 긍정적인 힘은 부정에서 시작된다. 지금까지의 모습을 부정할 줄 아는 마인드도 필요하다.

4. 자신감을 높이자. 당신에게 지금 가장 필요한 것은 남들과 비교하는 것이 아니라 자신을 돌아보는 일임을 잊지 말자.

5. 자녀가 충분하게 고민하고 자유롭게 자신의 진로를 결정할 수 있도록 도와주는 것이 중요하다.

6. 자녀의 자존감은 부모와의 관계에서 형성된다. 부모의 태도가 자녀의 자존감 높낮이를 결정한다고 보면 된다.

7. 아이를 영재로 키우는 것보다 자존감과 인내심을 키우게 하라.

8. 자존감을 높이는 방법은 자신을 스스로 사랑하고, 절대 남과 비교하지 않는 것이다. 또한 남의 탓을 하지 않고 타인을 칭찬하는 것이다.

9. 운동도 자존감을 높이는데 도움이 된다. 목표를 정해 놓고 간단한 운동을 하면 생활의 에너지도 얻을 수 있다.

10. 부부가 서로의 자존감을 높여주는 방법은 칭찬과 예의 지키기이다. 배우자에게 하루 한가지씩이라도 칭찬하는 습관을 들이자. 대화를 할 때는 기본 예의를 지키고 남과 비교하지 말자.

11. 소통은 저절로 되는 것이 아니다. 공감이 우선이다.

12. 공감대화법은 경청 → 공감하기 → 말하기의 3단계로 구성되어 있다.

13. 아이의 자존감을 높이는 데 최고의 선택은 '들어주기'다. 단순히 얘기를 들어주는 것만으로도 우리 아이의 자존감을 높일 수 있다.

14. 아이들에겐 YES로 일단 의견을 존중해주고 BUT으로 문제점을 끄집어내는 YES-BUT 화법을 사용하자. 아이는 자신의 생각이 존중받았다는 사실 때문에 부모의 의견을 따르게 된다.

15. 주어를 너에서 나로 바꾸는 대화법을 익히자. 상대의 감정을 자극하지 않고 자신의 의사를 효율적으로 전달할 수 있다.

16. 아이에게 질문할 때는 '왜?' 보다는 '어떻게?'가 좋다. '왜'는 결과만 놓고 잘잘못을 따지는 것이어서 비난 받는 느낌을 준다. 그러나 '어떻게'는 과정을 묻는 질문이기에 좀 더 편안하게 대답할 수 있다.

17. 아이에게 말할 때 지시형 말투를 쓰지 말자. 그리고 잘못은 짧게, 장점은 길게 말하는 것이 중요하다.

18. 대개 사람들은 생각나는 즉시 말을 뱉는다. 누군가에게 말을 하기 전에 5분만 기다렸다가 말을 하는 5분 침묵대화법을 쓰면 소통이 훨씬 잘 이루어진다.

19. 명절증후군을 이기기 위해서는 명절에 대한 인식의 변화, 여성에 대한 이해와 말조심, 건전한 명절 뒤풀이 문화가 필수적이다.

20. 고부갈등과 장서갈등을 방지하는 첫 걸음은 예의를 지키는 것이다. 고부갈등이 생겼을 때 남편들은 무조건 아내의 편을 들어야 한다. 어머니 앞에서는 어머니 편을 들고, 아내 옆에서는 아내 편을 드는 것은 오히려 분란을 일으킬 수 있다.